高职院校建筑工程技术专业"十三五"规划教材
四川省高职院校省级重点专业建设项目

建筑主体
工程施工

汪静然／主　编
季秋媛／副主编
周文明／主　审

西南交通大学出版社
·成都·

图书在版编目（CIP）数据

建筑主体工程施工/汪静然主编. —成都：西南交通大学出版社，2016.10（2020.9 重印）
四川省高职院校省级重点专业建设项目
ISBN 978-7-5643-5055-0

Ⅰ. ①建… Ⅱ. ①汪… Ⅲ. ①建筑施工 – 高等职业教育 – 教材 Ⅳ. ①TU7

中国版本图书馆 CIP 数据核字（2016）第 225159 号

四川省高职院校省级重点专业建设项目

建筑主体工程施工

汪静然　主编

责 任 编 辑	杨　勇
封 面 设 计	墨创文化
出 版 发 行	西南交通大学出版社 （四川省成都市二环路北一段 111 号 西南交通大学创新大厦 21 楼）
发 行 部 电 话	028-87600564　028-87600533
邮 政 编 码	610031
网　　　址	http://www.xnjdcbs.com
印　　　刷	四川森林印务有限责任公司
成 品 尺 寸	185 mm×260 mm
印　　　张	10
字　　　数	248 千
版　　　次	2016 年 10 月第 1 版
印　　　次	2020 年 9 月第 2 次
书　　　号	ISBN 978-7-5643-5055-0
定　　　价	26.00 元

课件咨询电话：028-87600533
图书如有印装质量问题　本社负责退换
版权所有　盗版必究　举报电话：028-87600562

序

　　国家"十三五"规划明确指出:"坚持以人的城镇化为核心、以城市群为主体形态、以城市综合承载能力为支撑、以体制机制创新为保障,加快新型城镇化步伐,提高社会主义新农村建设水平,努力缩小城乡发展差距,推进城乡发展一体化。"实现新型城镇化的宏伟目标,对建筑业的人才提出了更高的要求和更大的需求。

　　建筑工程技术专业要根据社会发展和建筑行业的人才需求,培养具有建筑施工企业生产一线的施工员、质量员、安全员、资料员等岗位能力和专业技能,面向建筑工程施工、建筑工程监理、建筑行业咨询等企事业单位,从事技术和管理工作的高素质技能型人才,为国家推进新型城镇化提供人才支撑。

　　四川职业技术学院建筑工程技术专业被四川省教育厅确定为"首批四川省高职院校省级重点专业建设项目"。建设的总体目标是:建立健全学校主体、政府主导、行业指导、企业参与的共育机制,创新"岗位能力导向、四方联动共育"的人才培养模式,实施"2521"工程,即建好校内外"两支"双师教学队伍,开发"五门"基于施工流程的项目导引式课程,完善校内外"两个"实践基地,建立"一个"政行企校四方共同参与的"职业教育联盟"育人平台,创新合作育人管理机制,提升社会服务能力,力求将建筑工程技术专业建设成为省内同级同类院校中能够起到引领示范作用的特色品牌专业,为地方及全省经济社会建设和产业发展提供高素质技能型专门人才。

　　为了使建筑工程技术专业更好地适应社会发展和建筑行业的需求,按照四川省高职院校省级重点专业建设项目的建设要求,我们在专业建设指导委员会的指导下,组建由政、行、企、校四方专家组成的课程开发团队,深入分析建筑工程技术专业岗位群、岗位能力、施工流程和典型工作任务,重构全新的课程体系；通过企业调研、行业分析，融合企业培训理念、职业工作情境、施工技术标准、岗位职业标准以及新技术、新工艺、新材料、新设备，按照"项目导引"模式，采用任务驱动方式编写了《建筑施工测量》《基础工程施工》《建筑主体工程施工》《装饰施工技术》《建筑工程质量控制与验收》等 5 门特色教材，着重培养学生的核心职业能力，力求为国家"十三五"期间新型城镇化建设提供更多的建设类专业人才，助推经济社会发展。

四川职业技术学院　徐友辉

2016 年 6 月

前 言

主体工程施工是建筑工程项目施工的核心部分，主要研究建设项目进入到主体结构施工阶段各分项工程施工流程、施工工艺及相应的质量控制、质量缺陷处理等施工技术。主体工程施工课程是高职高专建筑工程技术专业的核心课程，通过前期基础工程施工的铺垫及本课程的学习，学生应该学会常规房建工程主体阶段各分项工程施工工艺，掌握关键工作（如钢筋工程、模板工程、混凝土工程、砖砌体工程等）的施工要点，质量验收及控制方法。

本教材是按照"项目导引"模式采用任务驱动方式编写的五门教材之一，融合企业培训理念、职业工作情境、施工技术标准、岗位职业标准以及新技术、新工艺、新材料、新设备，以砖混结构及框架结构的建筑施工为主线载体，重点突出了钢筋工程、模板工程、混凝土工程等核心内容，以期着重培养学生的核心职业能力，力求为国家"十三五"新型城镇化建设提供更多的建设类专业人才，助推经济社会发展。

本教材由四川职业技术学院汪静然担任主编，四川职业技术学院季秋嫒担任副主编，具体编写分工：汪静然编写第一、二部分的1~6单元，季秋嫒编写第三部分的7~9单元。全书由汪静然负责统稿，由中铁五局集团建筑工程有限责任公司工程部周文明高级工程师负责主审。

在本书的编写过程中参考了许多教材、专著，引用了一些片段，在此一并致谢。由于作者水平有限，疏漏和不足在所难免，恳请读者提出宝贵意见。

编 者
2016年8月

目 录

第一部分 砖混结构主体分部施工

单元 1 脚手架施工 ·· 2
  项目 1 扣件式钢管脚手架施工 ·· 2
  项目 2 碗扣式钢管脚手架施工 ·· 10
  项目 3 门式钢管脚手架施工 ··· 12
  项目 4 升降式脚手架施工 ·· 13

单元 2 垂直提升设备选用 ··· 20

单元 3 砌筑工程施工 ·· 24
  项目 1 砖墙砌筑施工 ·· 24
  项目 2 构造柱、圈梁施工 ·· 35
  项目 3 其他砌体施工 ·· 39

第二部分 钢筋混凝土结构主体分部施工

单元 4 钢筋工程施工 ·· 52
  项目 1 钢筋工程施工准备 ·· 52
  项目 2 钢筋下料计算 ·· 63
  项目 3 钢筋加工及安装 ··· 69

单元 5 模板工程施工 ·· 76
  项目 1 模板工程施工准备知识 ·· 76
  项目 2 现浇构件模板施工 ·· 80

单元 6 混凝土工程施工 ··· 89
  项目 1 混凝土配制 ··· 89

  项目 2 混凝土的搅拌、运输 ·· 92
  项目 3 混凝土的浇筑 ·· 97
  思考题 ··· 107

第三部分 其他分部分项工程施工

单元 7 防水工程施工 ··· 112
  项目 1 屋面防水工程施工 ·· 112
  项目 2 楼层防水工程施工 ·· 120
  思考题 ··· 123
单元 8 预应力混凝土工程施工 ··· 124
  项目 1 先张法施工 ·· 124
  项目 2 后张法施工 ·· 128
  思考题 ··· 139
单元 9 季节性施工 ··· 141
  项目 1 雨期施工 ·· 141
  项目 2 冬期施工 ·· 145
参考文献 ··· 151

第一部分

砖混结构主体分部施工

单元 1　脚手架施工

脚手架是为建筑施工而搭设的上料、堆料与施工作业用的临时结构架，是土木工程施工的重要辅助设施。

脚手架的种类很多，按其搭设位置分为外脚手架和里脚手架两大类；按其构造形式分为多立杆式、框式、桥式、吊式、挂式、升降式以及用于层间操作的工具式脚手架。其所用材料有木、竹与金属材料，目前脚手架的发展趋势是采用金属制作的、具有多种功用的组合式脚手架，可以适用不同情况作业的要求。

对脚手架的基本要求是：其宽度应满足工人操作、材料堆置和运输的需要；坚固稳定；装拆简便；能多次周转使用。

项目 1　扣件式钢管脚手架施工

扣件式钢管脚手架通过扣件由立杆、水平杆、剪刀撑、抛撑、扫地杆、连墙件以及脚手板等组成，如图 1-1 所示。其特点是可根据施工需要灵活布置、构配件品种少、利于施工操作、装卸方便、坚固耐用。

任务 1　材料准备

1. 钢　管

脚手架钢管一般采用 $\phi 48 \times 3.5$ mm（每米质量达 3.85 kg）或 $\phi 51 \times 3$ mm 的焊接钢管。用于横向水平杆的钢管最大长度不应大于 2.2 m，立杆不应大于 6.5 m，每根钢管最大质量不应超过 25 kg，以便适合人工搬运。

钢管必须涂有防锈漆；钢管表面应平直光滑，不应有裂缝、结疤、分层、错位、硬弯、毛刺、压痕和深的划道；其允许偏差项目有：钢管外径、壁厚（-0.5 mm）；端面切斜偏差（1.7 mm）；外表面锈蚀深度（≤0.5 mm）；钢管弯曲：端部（弯曲长度≤1.5 m，弯曲偏差≤5 mm）；立杆弯曲（3~4 m，≤12 mm；4~6.5 m，≤20 mm）；水平杆、斜杆（≤30 mm）。

（1）立杆：平行于建筑物，垂直于水平面，是把脚手架荷载传递给基础的竖向受力杆件。

（2）水平杆：脚手架中的水平杆件。包括：

① 纵向水平杆（大横杆）：平行于建筑物并在纵向水平连接各立杆，是承受并传递荷载给立杆的受力杆件。

② 纵向水平扫地杆：连接立杆下端，距底座下皮 200 mm 处的纵向水平杆，起约束立杆底端在纵向发生位移的作用。

③ 横向水平杆（小横杆）：垂直于建筑物并在横向水平连接内、外排立杆，是承受并传递荷载给纵向水平杆的受力杆件。

④ 横向水平扫地杆：连接立杆下端，是位于纵向水平扫地杆下方处的横向水平杆，起约束立杆底端在横向发生位移的作用。

（3）剪刀撑：在脚手架外侧面成对设置的交叉斜杆，可增强脚手架的纵向刚度。

（4）抛撑：与脚手架外侧面斜交的杆件，可防止脚手架横向失稳。

（5）横向斜撑：设在脚手架内、外排立杆同一节间，由底至顶层呈之字型连续布置的杆件，可增强脚手架的横向刚度。

2．扣　件

扣件是采用螺栓紧固的扣接连接件，一般为铸铁锻造。其基本形式有三种，如图 3-2 所示，用于垂直交叉杆件间连接的直角扣件，用于平行或斜交杆件间连接的旋转扣件以及用于杆件对接连接的对接扣件。此外，根据抗滑要求增设的非连接用途的防滑扣件。扣件应进行防锈处理，有裂缝、变形的严禁使用，出现滑丝的螺栓必须更换。扣件螺栓的拧紧扭力矩为 40～60 N·m，要求达到 65 N·m 时，不得发生破坏。

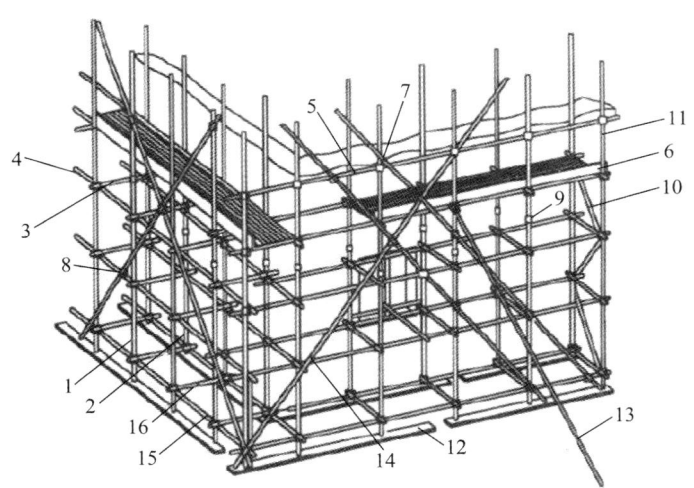

图 1-1　扣件式钢管脚手架

1—外立杆；2—内立杆；3—横向水平杆；4—纵向水平杆；5—栏杆；6—挡脚板；7—直角扣件；
8—旋转扣件；9—对接扣件；10—横向斜撑；11—主立杆；12—垫板；
13—抛撑；14—剪刀撑；15—纵向扫地杆；16—横向扫地杆

（a）直角扣件　　　（b）旋转扣件　　　（c）对接扣件

图 1-2　扣件形式

3．脚手板

脚手板可用钢、木、竹等材料制作，每块质量不宜大于 30 kg。冲压钢脚手板是常用的一种脚手板，一般用厚 2 mm 的钢板压制而成，长度 2~4 m，宽度 250 mm，表面应有防滑措施。木脚手板可采用厚度不小于 50 mm 的杉木板或松木制作，长度 3~4 m，宽度 200~250 mm，两端均应设镀锌钢丝箍两道，以防止木脚手板端部破坏。竹脚手板，则应用毛竹或楠竹制成竹串片板及竹笆板。

4．连墙件

连接脚手架与建筑物的构件，包括刚性连墙件（采用钢管、扣件或预埋件组成）和柔性连墙件（采用钢筋作拉接筋）。既要承受并传递荷载，又可防止脚手架横向失稳。

5．底　座

底座是设于立杆底部的垫座，是承受并传递立杆荷载给地基的配件。一般采用厚 8 mm，边长 150~200 mm 的钢板作底板，上焊 150 mm 高的钢管（或钢筋）或铸铁制成。

任务 2　脚手架架体构造

1．搭设参数的确定

（1）脚手架搭设的高度确定：搭设高度根据建筑物檐口标高与搭设面标高，加上安全高度（当上部为女儿墙时，脚手架的搭设高度要超过女儿墙 1 m；为檐口时，要超过檐口高度 1.5 m）综合确定。

（2）立杆横距确定：立杆横距是横向相邻两立杆的距离。一般取 1.05~1.55 m 之间的数值，应符合脚手板的宽度模数。

（3）步距的确定：步距是相邻两纵向水平杆的距离，也称步。一般在确定脚手架的步距时要考虑两个步骤：第一要满足层高与施工要求，层高是步距的整数倍。如：层高标准层是 2.8 m，因此第一步确定步距为 1.4 m。第二步要符合《规范》要求。一般取 1.2~1.8 m。

（4）立杆纵距确定：立杆纵距是纵向相邻两立杆的距离，也称跨。根据脚手架用途（结构、装修）、施工作业层施工荷载而具体确定。

脚手架搭设参数确定步骤为：首先确定搭设高度，根据连墙杆设置情况及荷载大小，选择立杆横距和步距，最后确定立杆纵距。具体见表 1-1。

表 1-1 常用敞开式单、双排脚手架结构的设计尺寸

连墙件设置	立杆横距 l_b	步距 h	下列荷载时的立杆纵距 l_a/m				脚手架允许搭设高度(E)
			$2+4\times0.35$ /(kN/m²)	$2+2+4\times0.35$ /(kN/m²)	$3+4\times0.35$ /(kN/m²)	$3+2+4\times0.35$ /(kN/m²)	
二步三跨	1.05	1.20~1.35	2.0	1.8	1.5	1.5	50
		1.80	2.0	1.8	1.5	1.5	50
	1.30	1.20~1.35	1.8	1.5	1.5	1.5	50
		1.80	1.8	1.5	1.5	1.2	50
	1.55	1.20~1.35	1.8	1.5	1.5	1.5	50
		1.80	1.8	1.5	1.5	1.2	37
三步三跨	1.05	1.20~1.35	2.0	1.8	1.5	1.5	50
		1.80	2.0	1.5	1.5	1.5	34
	1.30	1.20~1.35	1.8	1.5	1.5	1.5	50
		1.80	1.8	1.5	1.5	1.2	30

注：1. 表中所示 $2+2+4\times0.35$（kN/m²），包括下列荷载：$2+2$（kN/m²）是二层装修作业层施工荷载；4×0.35（kN/m²）包括二层作业层脚手板，另两层脚手板是考虑自顶层作业层的脚手板下计，宜每隔 12 m 满铺一层脚手板确定荷载。
2. 作业层横向水平杆间距，应按不大于 $l_a/2$ 设置。

2. 搭设构造要求

（1）立杆：立杆底部应设置底座或垫板；脚手架必须设置纵、横向扫地杆；当立杆基础不在同一高度上时，高低差不应大于 1 m，必须将高处的纵向扫地杆向低处延长两跨与立杆固定，靠边坡上方的立杆轴线到边坡的距离不应小于 500 mm。

立杆接长除顶层顶步外，其余各层接头必须采用对接扣件连接。如采用对接方式，则对接扣件应交错布置，两根相邻立杆的接头不应设置在同步内，同步内隔一根立杆的两个相隔接头在高度方向错开的距离不宜小于 500 mm；各接头中心至主节点的距离不宜大于步距的 1/3。当采用搭接方式，则搭接长度不应小于 1 m，应采用不少于 2 个旋转扣件固定，端部扣件盖板的边缘至杆端距离不应小于 100 mm。

（2）纵向水平杆、横向水平杆、脚手板：

① 纵向水平杆：纵向水平杆宜设置在立杆的内侧，用直角扣件固定在立杆上（铺设竹笆脚手板除外）。其长度不宜小于 3 跨。纵向水平杆可采用对接扣件，也可采用搭接。如采用对接扣件方法，则对接扣件应交错布置，两根相邻纵向水平杆的接头不宜设置在同步或同跨内；不同步或不同跨两个相邻接头在水平方向错开的距离不应小于 500 mm；各接头中心至最近主节点（立杆、纵向水平杆、横向水平杆三杆紧靠的扣接点）的距离不宜大于纵距的 1/3；如采用搭接连接，搭接长度不应小于 1 m，并应等间距设置 3 个旋转扣件固定。

② 横向水平杆：横向水平杆两端均应用直角扣件固定于纵向水平杆上（铺设竹笆脚手板除外）。在主节点必须设置一根横向水平杆，用直角扣件扣紧，且严禁拆除，主节点处两个直角扣件的中心距不应大于 150 mm。靠墙一端的外伸长度不应大于 500 mm。作业层上的非节

点处的横向水平杆，宜根据支承脚手板的需要等间距设置，最大间距不应大于纵距的 1/2。见图 1-3 所示。

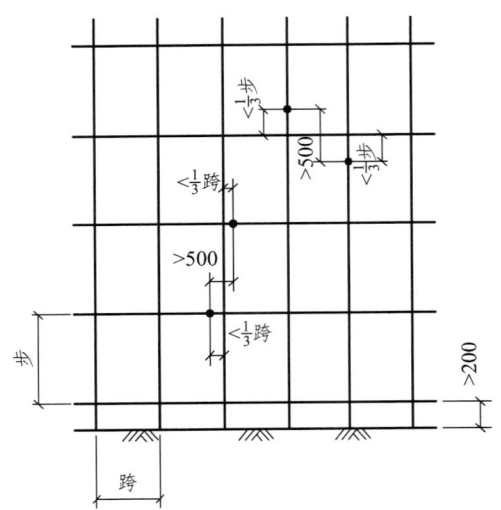

图 1-3 纵向水平杆、立杆搭设接头错开示意图

③脚手板：作业层脚手板应铺满、铺稳，离开墙面 120～150 mm；冲压钢脚手板、木脚手板、竹串片脚手板等，应设置在三根横向水平杆上；当脚手板长度小于 2 m 时，可采用两根横向水平杆支承，但应将脚手板两端与其可靠固定，严防倾翻。脚手板端头可采用对接平铺和搭接铺设两种方式，如图 1-4 所示。

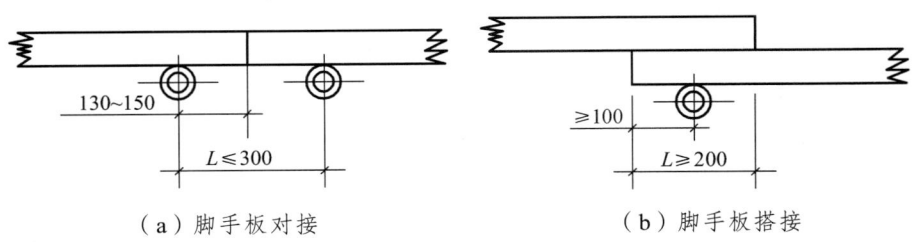

（a）脚手板对接　　　　　　　　（b）脚手板搭接

图 1-4 脚手板对接、搭接构造

（3）连墙件：连墙件宜靠近主节点设置，其偏离主节点的距离不应大于 300 mm；应从低层第一步纵向水平杆处开始设置，当有困难时，应采用其他可靠措施固定；优先采用菱形布置，亦可采用方形、矩形布置；一字形、开口形脚手架的两端必须设置连墙件，连墙件的垂直间距不应大于建筑物的层高，并不应大于 4 m（2 步）。对高度在 24 m 以下的单、双排脚手架，宜采用刚性连墙件与建筑物可靠连接，亦可采用拉筋和顶撑配合使用的附墙连接方式。严禁使用仅有拉筋的柔性连墙件。对高度 24 m 以上的双排脚手架，必须采用刚性连墙件与建筑物可靠连接。连墙件布置最大间距见表 1-2。其构造应满足如下要求：

表 1-2 连墙杆布置的最大间距　　　　　　　　　　　　　mm

脚手架高度/m		竖向间距	水平间距	每根连墙杆覆盖面积/m²
双排	≤50	3h	3l_a	≤40
	>50	2h	3l_a	≤27
单排	≤24	3h	3l_a	≤40

注：h—步距；l_a—纵距。

连墙件中的连墙杆或拉筋宜呈水平设置，当不能水平设置时，与脚手架连接的一端应下斜连接，不应采用上斜连接；连墙件必须采用可承受拉力和压力的构造。采用拉筋必须配用顶撑，顶撑应可靠地顶在混凝土圈梁、柱等结构部位。拉筋应采用两根以上直径 4 mm 的钢丝拧成一股，使用的不应少于 2 股；亦可采用直径不小于 6 mm 的钢筋。当脚手架下部暂不能设连墙件时可搭设抛撑。抛撑应采用通长杆件与脚手架可靠连接，与地面的倾角应为 45°~60°；连接点中心至主节点的距离不应大于 300 mm。抛撑应在连墙件搭设后方可拆除。

（4）剪刀撑、横向斜撑：双排脚手架应设剪刀撑与横向斜撑，单排脚手架应设剪刀撑。

①每道剪刀撑宽度不应小于 4 跨，且不应小于 6 m，斜杆与地面的倾角宜为 45°~60°。每道剪刀撑跨越立杆的最多根数，根据剪刀撑斜杆与地面的倾角不同分别为：45°时，不应超过 7 根；50°时不应超过 6 根；60°时不应超过 5 根。高度在 24 m 以下的单、双排脚手架，均必须在外侧立面的两端各设置一道剪刀撑，并应由底至顶连续设置；中间各道剪刀撑之间的净距不应大于 15 m。高度在 24 m 以上的双排脚手架应在外侧立面整个长度和高度上连续设置剪刀撑。

②横向斜撑：一字型、开口型双排脚手架的两端均必须设置横向斜撑，中间宜每隔 6 跨设置一道；高度在 24 m 以下的封闭型双排脚手架可不设横向斜撑，高度在 24 m 以上的封闭型脚手架，除拐角应设置横向斜撑外，中间应每隔 6 跨设置一道。应在同一节间，由底至顶层呈"之"字型连续布置。

任务 3 扣件式钢管脚手架的施工

1．施工准备

（1）单位工程负责人应按施工组织设计中有关脚手架的要求，向架设和使用人员进行技术交底。

（2）应按规范规定和施工组织设计的要求对钢管、扣件、脚手板等进行检查验收，不合格产品不得使用。

（3）经检验合格的构配件应按品种、规格分类，堆放整齐、平稳，堆放场地不得有积水。

（4）应清除搭设场地杂物，平整搭设场地，并使排水畅通。

（5）当脚手架基础下有设备基础、管沟时，在脚手架使用过程中不应开挖，否则必须采取加固措施。

2. 地基与基础处理

脚手架地基与基础的施工，必须根据脚手架搭设高度、搭设场地土质情况与现行国家标准《地基与基础工程施工及验收规范》（GBJ 202）的有关规定进行。脚手架底座底面标高宜高于自然地坪 50 mm。脚手架外侧应设排水沟，防止积水浸泡地基。脚手架基础经验收合格后，应按施工组织设计的要求放线定位。

（1）30 m 以下的脚手架：垫板宜采用长度不少于 2 跨、宽不小于 200 mm、厚不小于 50 mm 的木板，平行于墙面放置，在脚手架外侧挖一浅排水沟排除雨水。

（2）超过 30 m 脚手架：采用道木支垫；或在地基上加铺 20 cm 厚道渣后铺混凝土预制块或硅酸盐砌块，在其上沿纵向铺放 12~16 号槽钢，将脚手架立杆坐于槽钢上。若脚手架地基为回填土，应按规定分层夯实，达到密实度要求，并自地面以下 1 m 深改作三七灰土。

3. 脚手架搭设

（1）搭设工艺流程：地基弹线、立杆定位→摆放扫地杆→竖立杆并与扫地杆扣紧→装扫地小横杆，并与立杆和扫地杆扣紧（固定立杆底端前，应吊线确保立杆垂直）→每边竖起 3~4 根立杆后，随即装设第一步纵向水平杆（与立杆扣接固定）→安第一步小横杆（小横杆，靠近立杆并与纵向水平杆扣接固定）→校正立杆垂直和水平使其符合要求，按 40~60 N·m 力拧紧扣件螺栓，形成脚手架的起始段，按上述要求依次向前延伸搭设，直至第一步架交圈完成。交圈后，再全面检查一遍脚手架质量和地基情况，严格确保设计要求和脚手架质量→安第二步大横杆→安第二步小横杆→加设临时斜撑杆（加抛撑），上端与第二步大横杆扣紧（装设与柱连接杆后拆除）→安第三、四步大横杆和小横杆→安装二层与柱拉杆→接立杆→加设剪力撑→装设作业层间横杆（在脚手架横向杆之间架设的、用于缩小铺板支撑跨度的横杆）→铺设脚手板，绑扎防护及档脚板、立挂安全网。

（2）脚手架必须配合施工进度搭设，一次搭设高度不应超过相邻连墙件以上二步。每搭完一步脚手架后，应按规范规定校正步距、纵距、横距及立杆的垂直度。

（3）立杆搭设规定：严禁将外径为 48 mm 与 51 mm 的钢管混合使用；开始搭设立杆时应每隔 6 跨设置一根抛撑，直至连墙件安装稳定后，方可根据情况拆除；当搭至有连墙件的构造点时，在搭设完该处的立杆、纵向水平杆、横向水平杆后，应立即设置连墙件。

（4）纵向水平杆搭设规定：在封闭型脚手架的同一步中，纵向水平杆应四周交圈，用直角扣件与内外角部立杆固定。

（5）横向水平杆搭设规定：双排脚手架横向水平杆的靠墙一端至墙装饰面的距离不宜大于 100 mm。

（6）连墙件、剪刀撑、横向斜撑等的搭设规定：当脚手架施工操作层高出连墙件二步时，应采取临时稳定措施，直到上一层连墙件搭设完后方可根据情况拆除；剪刀撑、横向斜撑搭设并应随立杆、纵向和横向水平杆等同步搭设，各底层斜杆下端均必须支承在垫块或垫板上。

（7）扣件安装规定：对接扣件开口应朝上或朝内；各杆件端头伸出扣件盖板边缘长度不应小于 100 mm。

（8）作业层、斜道的栏杆和挡脚板的搭设规定：栏杆和挡脚板均应搭设在外立杆的内侧；上栏杆上皮高度应为 1.2 m；挡脚板高度不应小于 180 mm；中栏杆应居中设。

4. 拆除规定

（1）拆除作业必须由上而下逐层进行，严禁上下同时作业。

（2）连墙件必须随脚手架逐层拆除，严禁先将连墙件整层或数层拆除后再拆脚手架；分段拆除高差不应大于2步，如高差大于2步，应增设连墙件加固。

（3）当脚手架拆至下部最后一根长立杆的高度（约6.5 m）时，应先在适当位置搭设临时抛撑加固后，再拆除连墙件。

（4）当脚手架采取分段、分立面拆除时，对不拆除的脚手架两端，应先按规范规定设置连墙件和横向斜撑加固。

5. 脚手架检查与验收

（1）脚手架及其地基基础应在下列阶段进行检查与验收：基础完工后及脚手架搭设前；作业层上施加荷载前；每搭设完 10～13 m 高度后；达到设计高度后；遇有六级大风与大雨后；寒冷地区开冻后；停用超过1个月。

（2）脚手架使用中，应定期检查下列项目：

① 杆件的设置和连接，连墙件、支撑、门洞桁架等的构造是否符合要求。

② 地基是否积水，底座是否松动，立杆是否悬空。

③ 扣件螺栓是否松动。

④ 高度在24 m以上的脚手架，其立杆的沉降与垂直度的偏差是否符合有关规定。

⑤ 安全防护措施是否符合要求。

⑥ 是否超载。

（3）检查项目及允许偏差。

① 地基基础：表面平整坚实；排水通畅，不积水；垫板不晃动；底座不滑动、不沉降（−10 mm）。

② 立杆垂直度：最后验收垂直度（±100 mm）；搭设中按检查时搭设高度和总高度分别确定，常见表1-3，中间档次用插入法。

表 1-3 立杆不同搭设高度垂直度允许偏差

搭设中检查偏差的高度/m	总 高 度		
	50 m	40 m	20 m
$H=2$	±7	±7	±7
$H=10$	±20	±25	±50
$H=20$	±40	±50	±100
$H=30$	±60	±75	
$H=40$	±80	±100	
$H=50$	±100		

③ 间距：步距、横距（±20 mm）；纵距（±50 mm）。

④ 纵向水平杆高差：一根杆的两端（±20 mm）；同跨内两根纵向水平杆高差（±10 mm）。

⑤ 双排脚手架横向水平杆外伸长度偏差：要求外伸500 mm，偏差−50 mm。

⑥ 扣件安装、剪刀撑斜杆与地面倾角、脚手板外伸长度均应符合规范规定，不允许偏差。

6. 安全管理

（1）脚手架搭设人员必须是经过按现行国家标准考核合格的专业架子工。上岗人员应定期体检，合格者方可持证上岗。

（2）搭设脚手架人员必须戴安全帽、系安全带、穿防滑鞋。

（3）脚手架的构配件质量与搭设质量，应按规范有关规定进行检查验收，合格后方准使用，并按有关规定对脚手架进行定期安全检查与围护。

（4）作业层上的施工荷载应符合设计要求，不得超载。不得将模板支架、缆风绳、泵送混凝土和砂浆的输送管等固定在脚手架上；严禁悬挂起重设备。

（5）当有六级及六级以上大风和雾、雨、雪天气时应停止脚手架搭设与拆除作业。雨、雪后上架作业应有防滑措施，并应扫除积雪。

（6）在脚手架使用期间，严禁拆除主节点处的纵、横向水平杆，纵、横向扫地杆和连墙件等杆件。

（7）不得在脚手架基础及其邻近处进行挖掘作业，否则应采取安全措施，并报主管部门批准。

（8）临街搭设脚手架时，外侧应有防止坠物伤人的防护措施。

（9）在脚手架上进行电、气焊作业时，必须有防火措施和专人看守。

（10）工地临时用电线路的架设及脚手架接地、避雷措施等，应按现行行业标准的有关规定执行。

（11）搭拆脚手架时，地面应设围栏和警戒标志，并派专人看守，严禁非操作人员入内。

项目2 碗扣式钢管脚手架施工

碗扣式钢管脚手架是我国参考国外经验自行研制的一种多功能脚手架，其杆件节点处采用碗扣连接，由于碗扣是固定在钢管上的，构件全部轴向连接力学性能好，其连接可靠，组成的脚手架整体性好，不存在扣件丢失问题。在我国近年来发展较快，现已广泛用于房屋、桥梁、涵洞、隧道、烟囱、水塔、大坝、大跨度棚架等多种工程施工中，取得了显著的经济效益。

任务1 碗扣式钢管脚手架搭设准备

碗扣式钢管脚手架由钢管立杆、横杆、碗扣接头等组成。其基本构造和搭设要求与扣件式钢管脚手架类似，不同之处主要在于碗扣接头。

碗扣接头如图 1-5 所示，是由上碗扣、下碗扣、横杆接头和上碗扣的限位销等组成。在立杆上焊接下碗扣和上碗扣的限位销，将上碗扣套入立杆内。在横杆和斜杆上焊接插头。组装时，将横杆和斜杆插入下碗扣内，压紧和旋转上碗扣，利用限位销固定上碗扣。碗扣间距 600 mm，碗扣处可同时连接 9 根横杆，可以互相垂直或偏转一定角度。碗扣式钢管脚手架的基本构配件有立杆、水平杆、底座等，辅助构件有脚手板、斜道板、挑梁架梯、托撑等。此外，它还有一些专用构件，包括支撑柱的各种垫座，如图 1-6 所示，提升滑轮、爬升挑梁等。通过各种组合以适应工程需要，如利用支撑柱的垫座，组合重载荷的支架；在脚手架上装上提升滑轮可以在脚手架上提升零星小材料、小工具等；利用爬升挑梁可使碗扣式脚手架延结构墙体进行爬升，组成爬升式脚手架等。

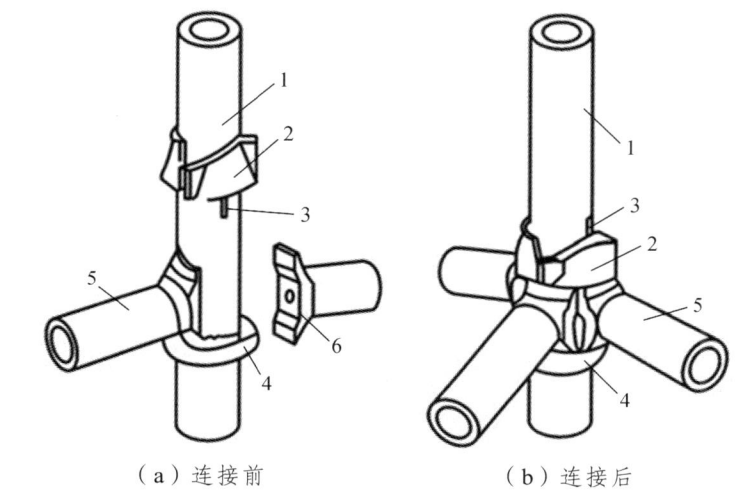

（a）连接前　　　　　　（b）连接后

图 1-5　碗扣式脚手架节点图

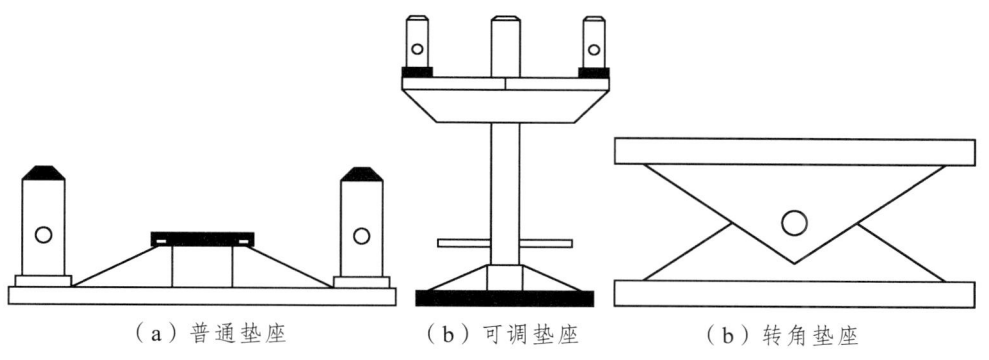

（a）普通垫座　　　（b）可调垫座　　　（b）转角垫座

图 1-6　支撑柱的各种垫座

任务 2　碗扣式钢管脚手架搭设要求

碗扣式钢管脚手架立柱横距为 1.2 m，纵距根据脚手架荷载可为 1.2 m、1.5 m、1.8 m、2.4 m，步距为 1.8 m、2.4 m。搭设时立杆的接长缝应错开，第一层立杆应用长 1.8 m 和 3.0 m

的立杆错开布置，往上均用 3.0 m 长杆，至顶层再用 1.8 m 和 3.0 m 两种长度找平。高 30 m 以下脚手架垂直度偏差应控制在 1/200 以内，高 30 m 以上脚手架应控制在 1/400～1/600，总高垂直度偏差应不大于 100 mm。

项目 3 门式钢管脚手架施工

门式钢管脚手架是一种工厂生产、现场搭设的脚手架，是当今国际上应用最普遍的脚手架之一。它是以门架、交叉支撑、连接棒、挂扣式脚手板或水平架、锁臂等组成基本结构，再设置水平加固杆、剪刀撑、扫地杆、封口杆、托座与底座，并采用连墙件与建筑物主体结构相连的一种标准化钢管脚手架。门式钢管脚手架不仅可作为外脚手架，也可作为内脚手架或满堂脚手架。因其几何尺寸标准化、结构合理、受力性能好、施工中装拆容易、安全可靠、经济实用等特点，广泛应用于建筑、桥梁、隧道、地铁等工程施工，若在门架下部安放轮子，也可以作为机电安装、油漆粉刷、设备维修、广告制作的活动工作平台。

门式钢管脚手架搭设高度当施工荷载标准值为 3.0～5.0 kN/m² 时，限制在 45 m 以内，当施工荷载标准值小于 3.0 kN/m² 时，限制在 60 m 以内。

任务 1 门式钢管脚手架的搭设准备

门式钢管脚手架是用普通钢管材料制成工具式标准件，在施工现场组合而成。其基本单元是由一副门式框架、二副剪刀撑、一副水平梁架和四个连接器组合而成，如图 1-7 所示。若干基本单元通过连接器在竖向叠加，扣上臂扣，组成一个多层框架。在水平方向，用加固杆和水平梁架使相邻单元连成整体，加上斜梯、栏杆柱和横杆组成上下步相通的外脚手架，如图 1-7 所示。

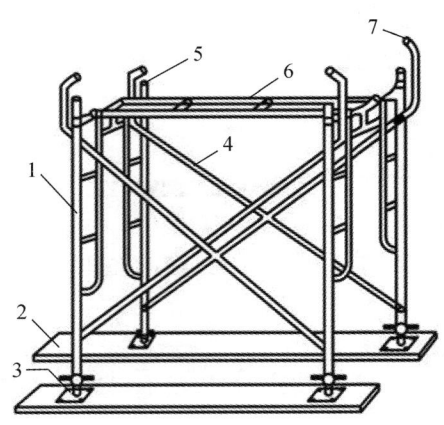

图 1-7 门式钢管脚手架基本单元
1—门架；2—垫板；3—螺旋基脚；4—交叉撑；5—连接棒；6—水平架；7—锁臂

任务2 门式钢管脚手架的搭设

（1）门式钢管脚手架一般可根据产品目录所列的使用荷载及搭设规定进行施工，而不必进行结构验算，但施工前仍必须进行施工设计。施工设计的内容应包括：

①脚手架的平、立、剖面图。
②脚手架基础作法。
③连墙件的布置及构造。
④脚手架的转角处、通道洞口处构造。
⑤脚手架的施工荷载限值。
⑥分段搭设或分段拆卸方案的设计计算。
⑦脚手架搭设、使用、拆除等的安全措施。

必要时还应进行脚手架的计算，一般包括脚手架稳定或搭设高度计算以及连墙件的计算。

（2）门架跨距应符合有关规定，并与交叉支撑规格配合；门架立杆离墙面净距不宜大于150 mm；大于150 mm时应采取内挑架板或其他离口防护的安全措施。

（3）门架的内外两侧均应设置交叉支撑并应与门架立杆上的锁销锁牢；上、下榀门架的组装必须设置连接棒及锁臂，连接棒直径应小于立杆内径1～2 mm。在脚手架的操作层上应连续满铺与门架配套的挂扣式脚手板，并扣紧挡板，防止脚手板脱落和松动。

（4）当脚手架搭设高度 $H \leqslant 45$ m时，沿脚手架高度，水平架应至少两步一设；当脚手架搭设高度 $H > 45$ m时，水平架应每步一设；不论脚手架多高，均应在脚手架的转角处、端部及间断处的一个跨距范围内每步一设，水平架在其设置层面内应连续设置；当脚手架高度超过20 m时，应在脚手架外侧每隔4步设置一道水平加固杆，并宜在有连墙件的水平层设置；设置纵向水平加固杆应连续，并形成水平闭合圈；在脚手架的底步门架下端应加封口杆，门架的内、外两侧应设通长扫地杆；水平加固杆应采用扣件与门架立杆扣牢。

（5）施工中应注意不配套的门架与配件不得混合使用于同一脚手架。门架安装时应自一端向另一端延伸，并逐层改变搭设方向，不得相对进行。搭完一步架后，应检查并调整其水平度与垂直度。脚手架应沿建筑物周围连续、同步搭设升高，在建筑物周围形成封闭结构；如不能封闭时，在脚手架两端应增设连墙件。

项目4 升降式脚手架施工

扣件式钢管脚手架、碗扣式钢管脚手架及门式钢管脚手架一般都是沿结构外表面满搭的脚手架，在结构和装修工程施工中应用较为方便，但费料耗工，一次性投资大，工期亦长。因此，近年来在高层建筑施工中发展了多种形式的外挂脚手架，其中应用较为广泛的是升降式脚手架，包括自升降式、互升降式、整体升降式三种类型。

升降式脚手架主要特点是：脚手架不需满搭，只搭设满足施工操作及安全各项要求的高度；地面不需做支承脚手架的坚实地基，也不占施工场地；脚手架及其上承担的荷载传给与之相连的结构，对这部分结构的强度有一定要求；随施工进程，脚手架可随之沿外墙升降，结构施工时由下往上逐层提升，装修施工时由上往下逐层下降。

任务1 自升降式脚手架施工

自升降脚手架的升降运动是通过手动或电动倒链交替对活动架和固定架进行升降来实现的。从升降架的构造来看，活动架和固定架之间能够进行上下相对运动。当脚手架工作时，活动架和固定架均用附墙螺栓与墙体锚固，两架之间无相对运动；当脚手架需要升降时，活动架与固定架中的一个架子仍然锚固在墙体上，使用倒链对另一个架子进行升降，两架之间便产生相对运动。通过活动架和固定架交替附墙，互相升降，脚手架即可沿着墙体上的预留孔逐层升降，如图1-8所示。

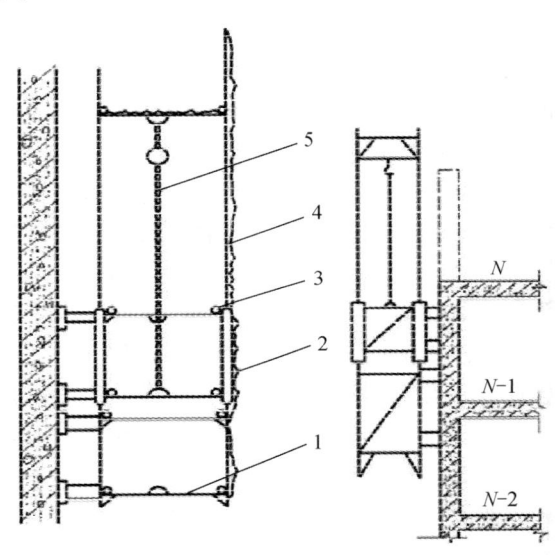

图1-8 自升降式脚手架
1—脚手板；2—剪刀撑；3—纵向水平杆；4—安全网；5—提升设备

施工前按照脚手架的平面布置图和升降架附墙支座的位置，在混凝土墙体上设置预留孔。为使升降顺利进行，预留孔中心必须在一直线上，并检查墙上预留孔位置是否正确，如有偏差，应预先修正。

脚手架的安装一般在起重机配合下按脚手架平面图进行。爬升可分段进行，视设备、劳动力和施工进度而定，每个爬升过程提升1.5～2m，每个爬升过程分2步进行，即爬升活动架和爬升固定架。脚手架完成了一个爬升过程，重新设置上部连接杆，脚手架进入上面一个工作状态，以后按此循环操作，脚手架即可不断爬升，直至结构到顶。在结构施工完成后，脚手架顺着墙体预留孔倒行，其操作顺序与爬升时相反，逐层下降，最后返回地面进行拆除。

任务2 互升降式脚手架施工

互升降式脚手架将脚手架分为甲、乙两种单元,通过倒链交替对甲、乙单元进行升降,如图1-9所示。当脚手架需要工作时,甲单元与乙单元均用附墙螺栓与墙体锚固,两架之间无相对运动;当脚手架需要升降时,一个单元仍然锚固在墙体上,使用倒链对相邻一个架子进行升降,两架之间便产生相对运动,如图1-10所示。通过甲、乙两单元交替附墙,相互升降,脚手架即可沿着墙体上的预留孔逐层升降。互升降式脚手架的性能特点是:结构简单,易于操作控制;架子搭设高度低,用料省;操作人员不在被升降的架体上,增加了操作人员的安全性;脚手架结构刚度较大。附墙的跨度大。它适用于框架剪力墙结构的高层建筑、水坝、筒体等施工。互升降式脚手施工前的准备与自升降式类似。其组装可有两种方式:在地面组装好单元脚手架,再用塔吊吊装就位;或是在设计爬升位置搭设操作平台,在平台上逐层安装。

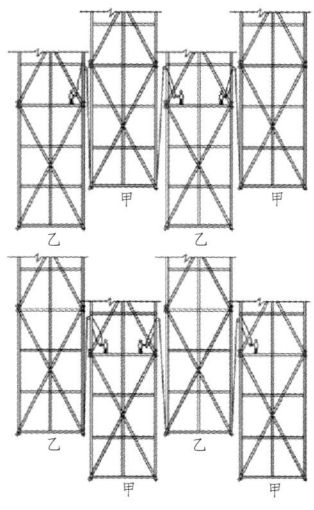

图1-9 互升降式脚手架基本结构

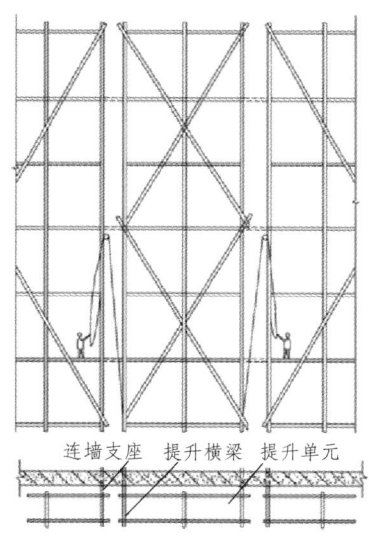

图1-10 互升降式脚手架爬升过程

脚手架爬升前应进行全面检查,当确认组装工序都符合要求后方可进行爬升,提升到位后,应及时将架子同结构固定;然后,用同样的方法对与之相邻的单元脚手架进行爬升操作,待相邻的单元脚手架升至预定位置后,将两单元脚手架连接起来,并在两单元操作层之间铺设脚手板。

与爬升操作顺序相反,利用固定在墙体上的架子对相邻的单元脚手架进行下降操作,最后脚手架返回地面。

任务3 整体升降式脚手架施工

在超高层建筑的主体施工中,整体升降式脚手架有明显的优越性,它结构整体好、升降快捷方便、机械化程度高、经济效益显著,是一种很有推广使用价值的超高建(构)筑外脚手架,被建设部列入重点推广的10项新技术之一。

整体升降式外脚手架以电动倒链为提升机,使整个外脚手架沿建筑物外墙或柱整体向上爬升,如图1-11所示。搭设高度依建筑物施工层的层高而定,一般取建筑物标准层4个层高加1步安全栏的高度为架体的总高度。脚手架为双排,宽以0.8~1 m为宜,里排杆离建筑物净距0.4~0.6 m。脚手架的横杆和立杆间距都不宜超过1.8 m。可将1个标准层高分为2步架,以此步距为基数确定架体横、立杆的间距。架体设计时可将架子沿建筑物外围分成若干单元,每个单元的宽度参考建筑物的开间而定,一般为5~9 m。

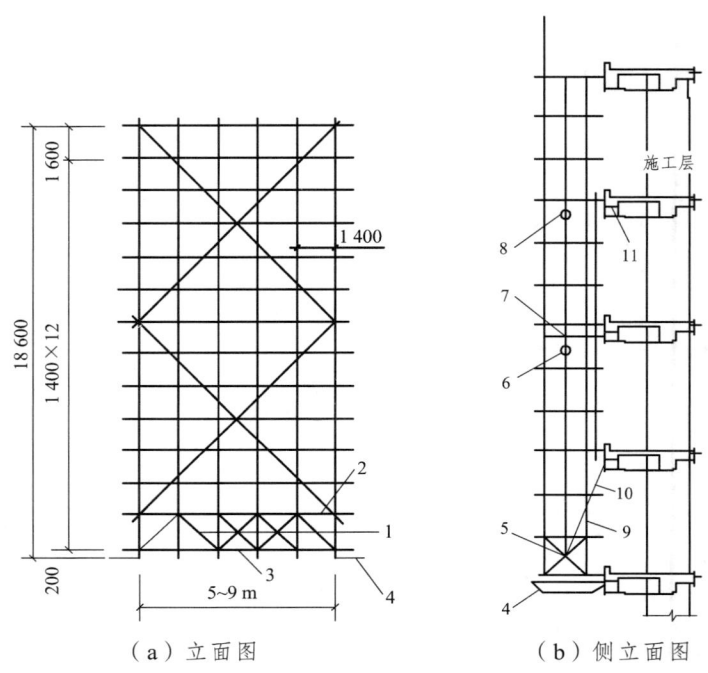

图 1-11 整体升降式脚手架

1—承力桁架;2—上弦杆;3—下弦杆;4—承力架;5—斜撑;6—电动倒链;
7—挑梁;8—倒链;9—花篮螺栓;10—拉杆;11—螺栓

施工过程如下:

1. 施工前的准备

按平面图先确定承力架及电动倒链挑梁安装的位置和个数,在相应位置上的混凝土墙或梁内预埋螺栓或预留螺栓孔。各层的预留螺栓或预留孔位置要求上下相一致,误差不超过10 mm。加工制作型钢承力架、挑梁、斜拉杆。准备电动倒链、钢丝绳、脚手管、扣件、安全网、木板等材料。

因整体升降式脚一手架的高度一般为4个施工层层高,在建筑物施工时,由于建筑物的最下几层层高通常与标准层不一致,且平面形状也往往与标准层不同,所以一般在建筑物主体施工到3~5层时开始安装整体脚手架。下面几层施工时往往要先搭设落地外脚手架。

2. 安　装

先安装承力架,承力架内侧用 M25~M30 的螺栓与混凝土边梁固定,承力架外侧用斜拉杆与上层边梁拉结固定,用斜拉杆中部的花篮螺栓将承力架调平;再在承力架上面搭设架子,安装承力架上的立杆;然后搭设下面的承力桁架。再逐步搭设整个架体,随搭随设置拉结点,并设斜撑。在比承力架高两层的位置安装工字钢挑梁,挑梁与混凝土边梁的连接方法与承力架相同。电动倒链挂在挑梁下,并将电动倒链的吊钩挂在承力架的花篮挑梁上。在架体上每个层高满铺厚木板,架体外面挂安全网。

3. 爬　升

短暂开动电动倒链,将电动倒链与承力架之间的吊链拉紧,使其处在初始受力状态。松开架体与建筑物的固定拉结点,松开承力架与建筑物相连的螺栓和斜拉杆,开动电动倒链开始爬升,爬升过程中应随时观察架子的同步情况,如发现不同步应及时停机进行调整。爬升到位后,先安装承力架与混凝土边梁的紧固螺栓,并将承力架的斜拉杆与上层边梁固定,然后安装架体上部与建筑物的各拉结点。待检查符合安全要求后,脚手架可开始使用,进行上一层的主体施工。在新一层主体施工期间,将电动倒链及其挑梁摘下,用滑轮或手动倒链转至上一层重新安装,为下一层爬升做准备。

4. 下　降

与爬升操作顺序相反,利用电动倒链顺着爬升用的墙体预留孔倒行,脚手架即可逐层下降,同时把留在墙面上的预留孔修补完毕,最后脚手架返回地面拆除。

项目 5　悬挑式脚手架施工

悬挑式脚手架是利用建筑结构边缘向外伸出的悬挑结构来支承外脚手架,将脚手架的荷载全部或部分传递给建筑结构。悬挑脚手架的关键是悬挑支承结构,它必须有足够的强度、稳定性和刚度,并能将脚手架的荷载传递给建筑结构。

架体可用扣件式钢管脚手架、碗扣式钢管脚手架或门式脚手架搭设,一般为双排脚手架,架体高度可依据施工要求、结构承载力和塔吊的提升能力确定,最高可搭设至 12 步架,约 20 m 高,可同时进行 2~3 层施工。悬挑式脚手架的支撑结构形式有三种:

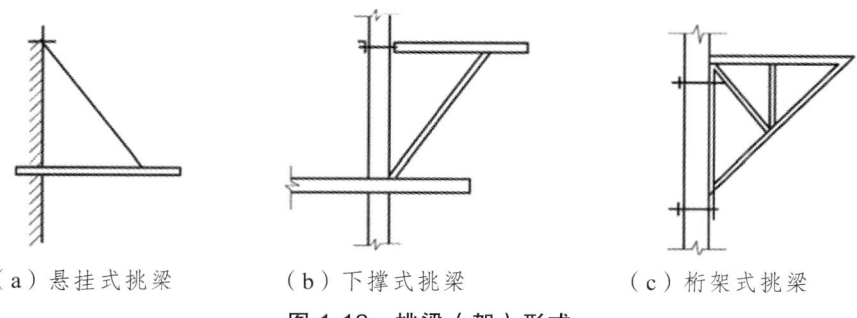

（a）悬挂式挑梁　　　（b）下撑式挑梁　　　（c）桁架式挑梁

图 1-12　挑梁（架）形式

1. 悬挂式挑梁

如图 1-12（a）所示，型钢挑梁一端固定在结构上，另一端用拉杆或拉绳拉结到结构的可靠部位上。拉杆（绳）应有收紧措施，以便在收紧以后承担脚手架荷载。悬挂式挑梁与结构的连接做法如图 1-13 所示。

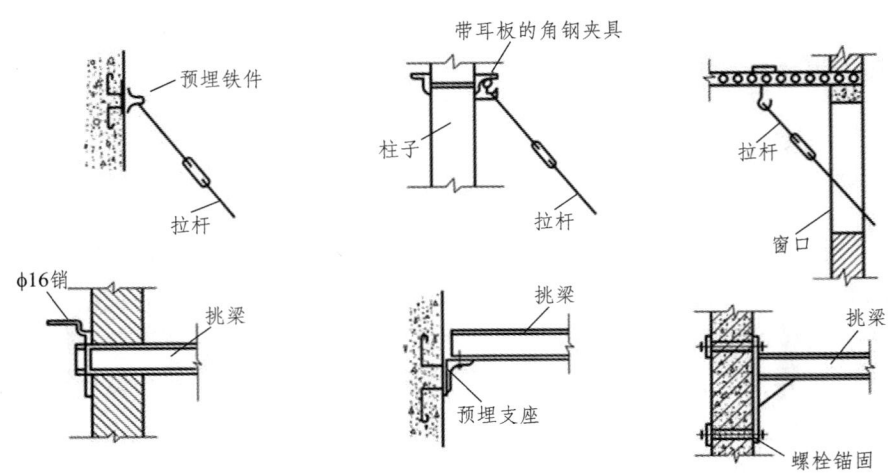

图 1-13 悬挂式挑梁与结构的连接做法

2. 下撑式挑梁

其挑梁形式如图 1-12（b）所示。其挑梁受拉，与结构的连接做法如图 1-14 所示。

3. 桁架式挑梁

通常采用型钢制作，其上弦杆受拉，与结构连接采用受拉构造；下弦杆受压，与结构连接采用支顶构造，其形式如图 1-12（c）所示。桁架式梁与结构墙体之间还可以采用螺栓连接做法，做法如图 1-15 所示。螺栓穿在刚性墙体的预留孔洞或预埋套管中，可以方便地拆除和重复使用。

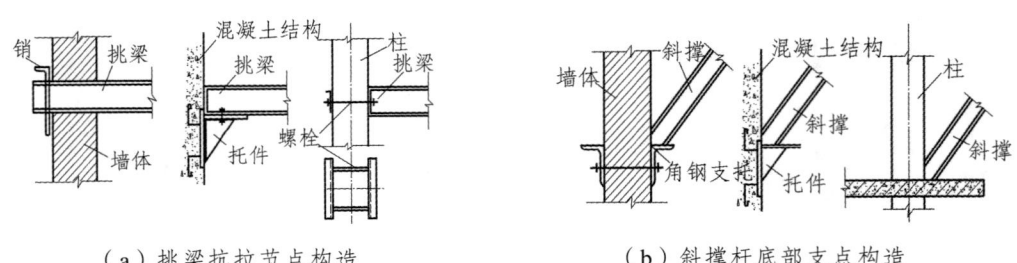

（a）挑梁抗拉节点构造　　　　　　（b）斜撑杆底部支点构造

图 1-14 下撑式挑梁与结构的连接方法

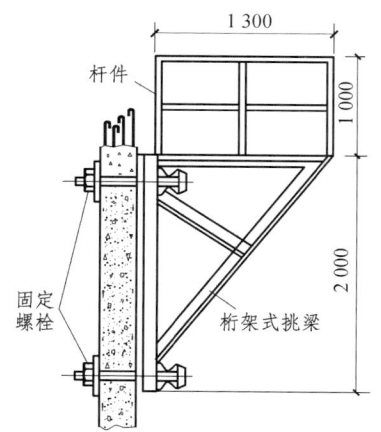

图 1-15 桁架式挑梁与墙体间的螺栓连接

项目 6　安全网的搭设

当外墙砌砖高度超过 4 m 或立体交叉作业时，必须设置安全网，以防材料下落伤人和高空操作人员坠落。安全网一般是用直径 9 mm 的麻绳、棕绳或尼龙绳编织而成的，一般规格为宽 3 m、长 6 m、网眼 50 mm 左右，每块织好的安全网应能承受不小于 1.6 kN 的冲击荷载。

架设安全网时，其伸出墙面宽度应不小于 2 m，外口要高于里口 500 mm，两网搭接应扎接牢固，每隔一定距离应用拉绳将斜杆与地面锚桩拉牢。

在无窗口的山墙上，可在墙角设立柱来挂安全网；也可在墙体内预埋钢筋环以支撑斜杆；还可用短钢管穿墙，用回转扣件来支设斜杆。

当用里脚手架施工外墙时，要沿墙外架设安全网；多层建筑用外脚手架时，亦需在脚手架外侧设安全网。安全网要随楼层施工进度逐层上升。多层建筑除一道逐步上升的安全网外，尚应在第二层和每隔三至四层加设固定的安全网。

在高层建筑施工中，安全网的搭设常有以下几种方式：

（1）在外墙面满搭外脚手架的情况下，应在脚手架的外表面满挂安全网（或塑料编制篷布）；在作业层的脚手板下平挂安全网（或篷布）；第一步架应满铺脚手板或篷布，每隔四至六层加设一层水平安全网。

（2）在不设外脚手架的情况下，作外装修所使用的悬吊式或悬挑式脚手架，除顶面和靠墙一面外，其他各面均应满挂安全网或塑料篷布，以避免从作业面向下坠物。同时每隔四至六层挑出一层安全网，并在首层架设宽度不小于 4 m 的安全网。

（3）采用悬挑式脚手架时，当脚手架升高后，保留悬挑支架，并加绑斜杆改挂安全网；若为挑平台时，可在平台上加设一道安全网。钢脚手架（包括钢井架、钢龙门架、钢独脚把杆提升架等）不得搭设在距离 35 kV 以上的高压线路 4.5 m 以内的地区和距离 1~10 kV 高压线路 2 m 以内的地区，否则使用期间应断电或拆除电源。过高的脚手架必须有防雷措施，钢脚手架的防雷措施是用接地装置与脚手架连接，一般每隔 50 m 设置一处。最远点到接地装置间脚手架上的过渡电阻不应超过 10 m。

单元 2　垂直提升设备选用

垂直运输设施指担负垂直运送材料和施工人员上下的机械设备和设施。在砌筑工程中不仅要运输大量的砖（或砌块）、砂浆，而且还要运输脚手架、脚手板和各种预制构件；不仅有垂直运输，而且有地面和楼面的水平运输。其中垂直运输是影响砌筑工程施工速度的重要因素。

目前砌筑工程采用的垂直运输设施有塔式起重机、井架、龙门架和建筑施工电梯等。

1. 井　架

井架是砌筑工程垂直运输的常用设备之一。它的特点是：稳定性好、运输量大，可以搭设较大的高度。井架可为单孔、两孔和多孔，常用单孔，井架内设吊盘。井架上可根据需要设置拔杆，供吊运长度较大的构件，其起重量为 5～15 kN，工作幅度可达 10 m。

井架除用型钢或钢管加工的定型井架外，也可用脚手架材料搭设而成，搭设高度可达 50 m 以上。图 2-1 是用角钢搭设的单孔四柱井架，主要由立柱、平撑和斜撑等杆件组成。井架搭设要求垂直（垂直偏差≤总高的 1/400），支承地面应平整，各连接件螺栓须拧紧，缆风绳一般每道不少于 6 根，高度在 15 m 以下时设一道，15 m 以上时每增高 10 m 增设一道，缆风绳宜采用 7～9 mm 的钢丝绳，与地面成 45°，安装好的井架应有避雷和接地装置。

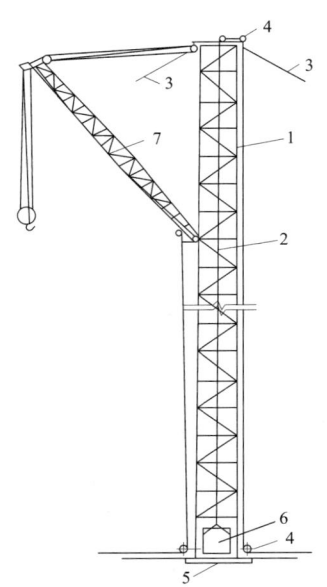

图 2-1　单孔四柱井架

1—滑轮；2—缆风绳；3—立柱；4—横梁；5—导轨；6—吊盘；7—钢丝绳

2. 龙门架

龙门架是由两根立柱及天轮梁（横梁）组成的门式架，如图 2-2 所示。龙门架上装设滑轮、导轨、吊盘、缆风绳等，进行材料、机具、小型预制构件的垂直运输。龙门架构造简单，制作容易，用材少，装拆方便，起升高度为 15～30 m，起重量为 0.6～1.2 t，适用于中小型工程。

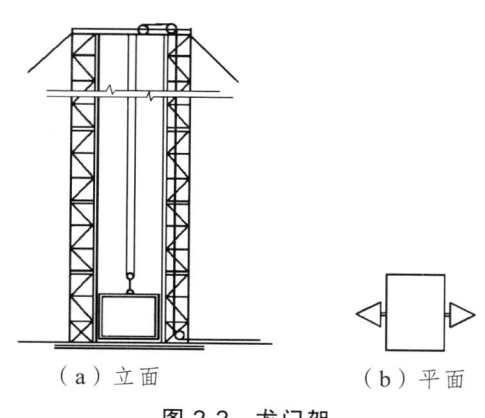

图 2-2　龙门架

3. 塔式起重机

塔式起重机的起重臂安装在塔身顶部且可作 360°回转的起重机。它具有较高的起重高度、工作幅度和起重能力，提升材料速度快、生产效率高，且机械运转安全可靠，使用和装拆方便等优点，因此，广泛地用于多层和高层工业与民用建筑的结构安装。塔式起重机按起重能力可分为：轻型塔式起重机，起重量为 0.5～3.0 t，一般用于六层以下的民用建筑施工；中型塔式起重机，起重量为 3～15 t，适用于一般工业建筑与民用建筑施工；重型塔式起重机，起重量为 20～40 t，一般用于重工业厂房的施工和高炉等设备的吊装。

由于塔式起重机具有提升、回转和水平运输的功能，且生产效率高，一般在吊运长、大、重的物料时有明显的优势，故在有可能条件下宜优先采用。

塔式起重机的布置应保证其起重高度与起重量满足工程的需求，同时起重臂的工作范围应尽可能地覆盖整个建筑，以使材料运输切实到位。此外，主材料的堆放、搅拌站的出料口等均应尽可能地布置在起重机工作半径之内。

塔式起重机一般分为轨道（行走）式、附着式、固定式、爬升式等几种，如图 2-3 所示。

1）轨道（行走）式塔式起重机

轨道（行走）式塔式起重机是一种能在轨道上行驶的起重机。这种起重机可负荷行走，有的只能在直线轨道上行驶，有的可沿"L"形或"U"形轨道上行驶。有塔身回转式和塔顶旋转式两种。

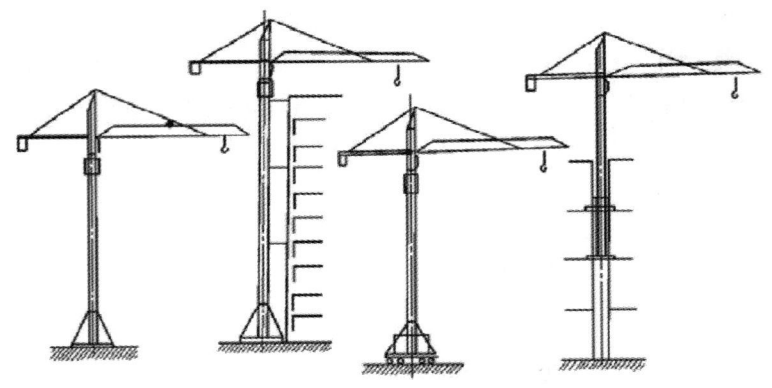

(a)固定式　(b)附着式　(c)行走式　(d)内爬式

图 2-3　各种类型的塔式起重机

轨道（行走）式塔式起重机使用灵活，活动范围大，为结构安装工程的常用机械。

2）附着式塔式起重机

附着式塔式起重机是固定在建筑物近旁混凝土基础上的起重机械，它可以借助顶升系统随着建筑施工进度而自行向上接高。为了减少塔身的计算高度，规定每隔 20 m 左右将塔身与建筑物用锚固装置联结起来。这种塔式起重机宜用于高层建筑的施工。附着式塔式起重机的外形如图 2-4 所示。

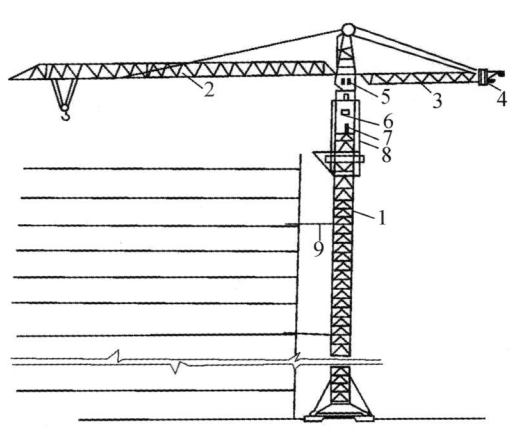

图 2-4　附着式塔式起重

1—塔身；2—起重臂；3—平衡臂；4—平衡重；5—操纵室；
6—液压千斤顶；7—活塞；8—顶升套架；9—锚固装置

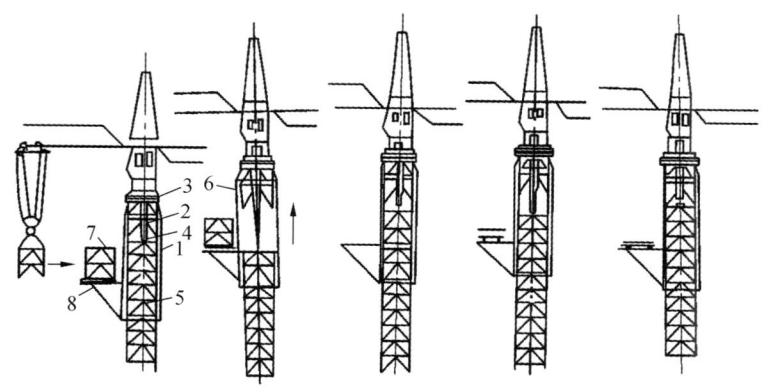

图 2-5 附着式塔式起重机爬升过程
1—顶升套架；2—液压千斤顶；3—承座；4—顶升横梁；5—定位销；
6—过渡节；7—标准节；8—摆渡小车

附着式塔式起重机的顶部有套架和液压顶升装置，需要接高时，利用塔顶的行程液压千斤顶，将塔顶上部结构（起重臂等）顶高，用定位销固定；千斤顶回油，推入标准节，用螺栓与下面的塔身联成整体，每次可接高 2.5 m。附着式塔式起重机顶升的五个步骤如图 2-5 所示。

3）固定式塔式起重机

固定式塔式起重机的底架安装在独立的混凝土基础上，塔身不与建筑物拉结。这种起重机适用于安装大容量的油罐、冷却塔等特殊构筑物。

4）爬升式塔式起重机

爬升式塔式起重机是一种安装在建筑物内部（电梯井或特设的开间）的结构上，借助套架托梁和爬升系统自己爬升的起重机械。一般每隔 1~2 层楼便爬升一次。这种起重机主要用于高层建筑的施工。爬升过程：固定下支座→提升套架→固定套架→下支座脱空→提升塔身→固定下支座。如图 2-6 所示。

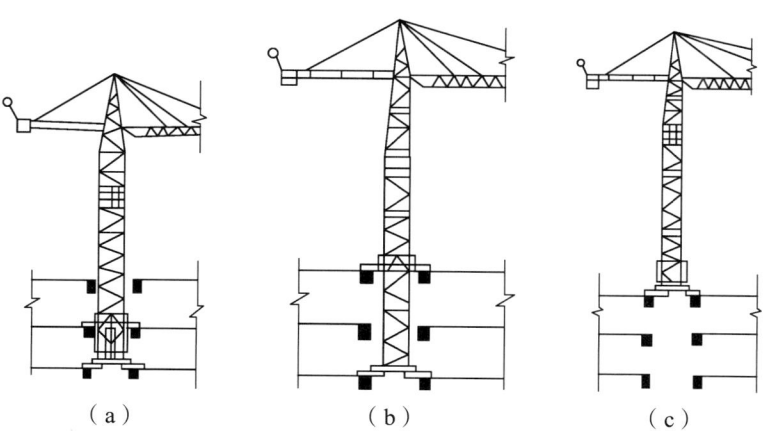

图 2-6 爬升过程示意图

单元3　砌筑工程施工

砌体结构是指由块体和砂浆组砌而成的墙、柱作为建筑物主要受力构件的结构。

砌体结构是砖砌体、砌块砌体和石砌体结构的统称。砌体结构施工的主要施工过程就是砌筑工程，包括砌筑材料，砖、石砌体砌筑，砌块砌体砌筑。其中，砖、石砌体砌筑是我国的传统建筑施工方法，有着悠久的历史。它取材方便、施工工艺简单、造价低廉，至今仍在各类建筑和构筑物工程中广泛采用。

但是砖石砌筑工程生产效率低、劳动强度高、烧砖占用农田，难以适应现代建筑工业化的需要，所以必须研究改善砌筑工程的施工工艺，合理组织砌筑施工，推广使用砌块等新型材料。

项目1　砖墙砌筑施工

任务1　砖砌体材料准备

砌筑材料主要包括块体和砂浆两大部分。

1. 块　体

块体是砌体的主要组成部分，块体包括砖、砌块、石三大类。

1）砖

（1）烧结普通砖。由粘土、页岩、煤矸石或粉煤灰为主要原料，经过焙烧而成的实心或具有一定的孔洞率，外形尺寸符合规定的砖。根据烧结原材料，分为烧结粘土砖、烧结页岩砖、烧结煤矸石砖、烧结粉煤灰砖等。其外形尺寸为 240 mm × 115 mm × 53 mm。

（2）烧结多孔砖。以粘土、页岩、煤矸石为主要原料经焙烧而成，孔洞率不小于 5%，孔形为圆孔或非圆孔。孔的尺寸小而数量多，主要适用于承重部位的砖，简称多孔砖。目前多孔砖分为 P 型砖和 M 型砖。

外形尺寸为 240 mm × 115 mm × 90 mm 的砖简称 P 型砖。

外形尺寸为 190 mm × 190 mm × 90 mm 的砖简称 M 型砖。

烧结普通砖、烧结多孔砖等的强度等级分为 MU30、MU25、MU20、MU15 和 MU10 五级。

（3）蒸压灰砂砖。蒸压灰砂砖以石灰和砂为主要原料，经过坯料制备，压制成型，蒸压养护而成的实心砖。

（4）蒸压粉煤灰砖。

蒸压粉煤灰砖以煤灰、石灰为主要原料，掺加适量石膏和集料经坯料制备，压制成型，高压蒸汽养护而成的实心砖。蒸压灰砂砖、蒸压粉煤灰砖的强度等级分为 MU25、MU20、MU15 和 MU10 四级。

砖的抽样检验：每一生产厂家的砖到场后按烧结砖 15 万块，多孔砖 5 万块，灰砂砖及粉煤灰砖 10 万块各为一验收批，在每一验收批中随机抽取 15 块进行抗压和抗折检验。

2）砌　块

砌块的种类较多，按形状分为实心砌块和空心砌块。按规格可分为：小型砌块，高度为 180～350 mm；中型砌块，高度为 360～900 mm。常用的有普通混凝土小型空心砌块、轻集料混凝土小型空心砌块、蒸压加气混凝土砌块、粉煤灰砌块。

（1）混凝土小型空心砌块。由普通混凝土或经骨料混凝土制成，主规格尺寸为 390 mm×190 mm×190 mm、空心率在 25%～50% 的空心砌块。简称混凝土砌块或砌块。砌块的强度等级为 MU25、MU20、MU15、MU10、MU7.5 和 MU5 六个等级。轻集料混凝土小型空心砌块。轻集料混凝土小型空心砌块以水泥、砂、轻集料加水预制而成。其主规格尺寸为 390（290、190）mm×190（290、240、140、90）mm×190（90）mm。按其孔的排数分为：单排孔、双排孔、三排孔和四排孔等四类。根据抗压强度分为 MU10、MU7.5、MU5、MU3.5、MU2.5、MU1.5 六个强度等级。

（2）蒸压加气混凝土砌块。蒸压加气混凝土砌块以水泥、矿渣、砂、石灰等为主要原料，加入发气剂，经搅拌成型、蒸压养护而成的实心砌块。其规格为长度 600 mm，高度 200、240、250、300 mm，宽度 100、120、125、150、180、200、240、250、300 mm。砌块按强度和干密度分级，强度级别有：A1.0、A2.0、A2.5、A3.5、A5.0、A7.5、A10.0（注：1.0 表示 1.0 MPa，余同）七个级别；干密度级别有：B03、B04、B05、B06、B07、B08（注：03 表示 300 kg/m^3，余同）六个级别。砌块按尺寸偏差与外观质量、干密度、抗压强度和抗冻性分为：优等品（A）、合格品（B）两个等级。

（3）粉煤灰砌块。粉煤灰砌块以粉煤灰、石灰、石膏和轻集料为原料，加水搅拌，振动成型，蒸汽养护而成的密实砌块。其主规格尺寸为 880 mm×380 mm×240 mm，880 mm×430 mm×240 mm。砌块端面应加灌浆槽，坐浆面宜设抗剪槽。根据抗压强度分 MU13、MU10 两个强度等级。

3）石　材

砌筑用石有毛石和料石两类。所选石材应质地坚实，无风化剥落和裂纹。用于清水墙、柱表面的石材，尚应色泽均匀。

毛石分为乱毛石和平毛石。乱毛石是指形状不规则的石块；平毛石是指形状不规则，但有两个平面大致平行的石块。毛石应呈块状，其中部厚度不宜小于 150 mm。

料石按其加工面的平整程度分为细料石、粗料石和毛料石三种。料石的宽度、厚度均不宜小于 200 mm，长度不宜大于厚度的 4 倍。根据抗压强度分为 MU100、MU80、MU60、MU50、MU40、MU30、MU20 七个强度等级。

2. 砌筑砂浆

砂浆是由胶结料、细集料、掺加料（为改善砂浆和易性而加入的无机材料，例如石灰膏、电石膏、粉煤灰、粘土膏等）和水配制而成的建筑工程材料。在建筑工程中起粘结、衬垫和传递应力的作用。砌筑砂浆主要包括：水泥砂浆和水泥混合砂浆。

1）原材料

（1）水泥：除分批对其强度、安定性进行复验外，不同品种的水泥，不得混合使用。

（2）砂：宜选用中砂，并应过筛，不得含有草根等有害杂物。对水泥砂浆和强度等级不小于 M5 的水泥混合砂浆，含泥量不应超过 5%；强度等级小于 M5 的水泥混合砂浆，砂的含泥量不应超过 10%。

（3）石灰膏：生石灰熟化成石灰膏时，应用孔径不大于 3 mm×3 mm 的网过滤，熟化时间不得少于 7 d，其稠度一般为 12 cm；磨细生石灰粉的熟化时间不得小于 2 d。沉淀池中储存的石灰膏，应采取防止干燥、冻结和污染的措施。严禁使用脱水硬化的石灰膏。

（4）水：采用不含有害物质的洁净水，具体应符合有关规范规定。

（5）外加剂：凡在砂浆中掺入有机塑化剂、早强剂、缓凝剂、防冻剂等，应经检验和试配符合要求后，方可使用。有机塑化剂应有砌体强度的型式检验报告。

2）质量要求

砂浆的强度等级分为 M2.5、M5、M7.5、M10、M15、M20 六个等级，M10 及 M10 以下宜采用水泥混合砂浆。水泥砂浆可用于潮湿环境中的砌体，混合砂浆宜用于干燥环境中的砌体。为便于操作，砌筑砂浆应有较好的和易性，即良好的流动性（稠度）和保水性（分层度）。和易性好的砂浆能保证砌体灰缝饱满、均匀、密实，并能提高砌体强度。水泥砂浆分层度不应大于 30 mm，水泥混合砂浆分层度一般不应超过 20 mm；水泥砂浆最小水泥用量不宜小于 200 kg/m³，如果水泥用量太少不能填充砂子孔隙，稠度、分层度将无法保证。砌筑砂浆的稠度见表 3-1。

表 3-1 砌筑砂浆的稠度

砌体种类	砂浆稠度/mm	砌体种类	砂浆稠度/mm
烧结普通砖砌体	70～90	普通混凝土小型空心砌块砌体	50～70
轻集料混凝土小型空心砌块砌体	60～90	加气混凝土小型空心砌块砌体	50～70
烧结多孔砖、空心砖砌体	60～80	石砌体	30～50

3）制备与使用

砌筑砂浆应通过试配确定配合比，砂浆现场拌制时，各组分材料采用重量计量。计量精度水泥为 ±2%，砂、灰膏控制在 ±5% 以内。

砌筑砂浆应采用砂浆搅拌机进行拌制。自投料完算起，搅拌时间应符合下列规定：水泥砂浆和混合砂浆不得小于 2 min；掺用外加剂的砂浆不得少于 3 min；掺用有机塑化剂的砂浆，应为 3～5 min。

掺用外加剂时，应先将外加剂按规定浓度溶于水中，在拌和水时投入外加剂溶液，外加剂不得直接投入拌制的砂浆中。

施工中当采用水泥砂浆代替水泥混合砂浆时，应重新确定砂浆强度等级。砂浆应随拌随用，水泥砂浆和水泥混合砂浆应分别在 3 h 和 4 h 内使用完毕；当施工期间最高气温超过 30 ℃时，应分别在拌成后 2 h 和 3 h 内使用完毕。对掺用缓凝剂的砂浆，其使用时间可根据具体情况延长。

4）砌筑砂浆质量验收

砌筑砂浆立方体抗压试件每组 6 块，其尺寸为 70.7 mm × 70.7 mm × 70.7 mm。

（1）取样：每一楼层或 250 m³ 砌体、每一工作班、每种配比至少一组。

（2）试件制作：将无底试模放在预先铺有吸水较好的纸（新闻纸或其他未粘过胶凝材料的纸）的普通粘土砖上，试模内壁事先涂刷薄层机油或脱模剂；向试模内一次注满砂浆，用捣棒均匀地由外向里按螺旋方向插捣 25 次，插捣完后砂浆应高出试模顶面 6 ~ 8 mm；当砂浆表面开始出现麻斑状态时（15 ~ 30 min）将高出部分的砂浆沿试模顶面削去抹平，按规定进行养护。

（3）试块养护至 28 d 即送检；砌筑砂浆试块强度验收时其强度合格标准必须符合以下规定：

同一验收批砂浆试块抗压强度平均值必须大于或等于设计强度等级所对应的立方体抗压强度；同一验收批砂浆试块抗压强度的最小一组平均值必须大于或等于设计强度所对应的立方体抗压强度的 0.75 倍。

5）砌筑砂浆常见的质量通病及预防

（1）砂浆强度不稳定。

现象：

砂浆强度的波动性较大，匀质性差，其中低强度等级的砂浆特别严重，强度低于设计要求的情况较多。

原因分析：

① 影响砂浆强度的主要因素是计量不准确。对砂浆的配合比，多数工地使用体积比，用铁铲凭经验计量。砂子含水率的变化，可导致砂子体积变化幅度达 10% ~ 20%，这些都造成配料计量的偏差，使砂浆强度产生较大的波动。

② 水泥混合砂浆中无机掺合料的掺量，对砂浆强度影响很大，随着掺量的增加，砂浆和易性越好，但强度降低，如超过规定用量 1 倍，砂浆强度约降低 40%。但施工时往往片面追求良好的和易性，无机掺合料的掺量常常超过规定用量，因而降低了砂浆的强度。

③ 无机掺合料材质不佳，如石灰膏中含有较多的灰渣，或运至现场保管不当，发生结硬、干燥等情况，使砂浆中含有较多的软弱颗粒，降低了强度。或者在确定配合比时，用石灰膏、粘土膏试配，而实际施工时却采用干石灰或干粘土，这不但影响砂浆的抗压强度，而且对砌体抗剪强度非常不利。

④ 砂浆搅拌不匀，人工拌和翻拌次数不够，机械搅拌加料顺序颠倒，使无机掺合料未散开，砂浆中含有多量的疙瘩，水泥分布不均匀，影响砂浆的匀质性及和易性。

⑤ 砂浆试块的制作、养护方法和强度取值等，没有执行规范的统一标准，致使测定的砂浆强度缺乏代表性，产生砂浆强度的混乱。

预防措施：

① 砂浆配合比的确定，应结合现场材质情况进行试配，试配时应采用重量比。在满足砂浆和易性的条件下，控制砂浆强度。

② 建立施工计量器具校验、维修、保管制度，以保证计量的准确性。

③ 无机掺合料一般为湿料，计量称重比较困难，而其计量误差对砂浆强度影响很大，故应严格控制。计量时，应以标准稠度（12 cm）为准，如供应的无机掺合料的稠度小于12 cm时，应调成标准稠度，或者进行折算后称重计量，计量误差应控制在±5%以内。

④ 施工中，不得随意增加石灰膏、微沫剂的掺量来改善砂浆的和易性。

⑤ 砂浆搅拌加料顺序为：用砂浆搅拌机搅拌应分两次投料，先加入部分砂子、水和全部塑化材料，通过搅拌叶片和砂子搓动，将塑化材料打开（不见疙瘩为止），再投入其余的砂子和全部水泥。用鼓式混凝土搅拌机拌制砂浆，应配备一台抹灰用麻刀机，先将塑化材料搅成稀粥状，再投入搅拌机内搅拌。人工搅拌应有拌灰池，先在池内放水，并将塑化材料打开至不见疙瘩，另在池边干拌水泥和砂子至颜色均匀时，用铁铲将拌好的水泥砂子均匀撒入池内，同时用三刺铁扒来回扒动，直至拌和均匀。

⑥ 试块的制作、养护和抗压强度取值，应按有关规范规定执行。

（2）砂浆和易性差，沉底结硬。

现象：

① 砂浆和易性不好，砌筑时铺浆和挤浆都较困难，影响灰缝砂浆的饱满度，同时使砂浆与砖的粘结力减弱。

② 砂浆保水性差，容易产生分层、泌水现象。

③ 灰槽中砂浆存放时间过长，最后砂浆沉底结硬，即使加水重新拌和，砂浆强度也会严重降低。

原因分析：

① 强度等级低的水泥砂浆由于采用高强度等级水泥和过细的砂子，使砂子颗粒间起润滑作用的胶结材料——水泥量减少，因而砂子间的摩擦力较大，砂浆和易性较差，砌筑时，压薄灰缝很费劲。而且，由于砂粒之间缺乏足够的胶结材料起悬浮支托作用，砂浆容易产生沉淀和出现表面泛水现象。

② 水泥混合砂浆中掺入的石灰膏等塑化材料质量差，含有较多灰渣、杂物，或因保存不好发生干燥和污染，不能起到改善砂浆和易性的作用。

③ 砂浆搅拌时间短，拌和不均匀。

④ 拌好的砂浆存放时间过久，或灰槽中的砂浆长时间不清理，使砂浆沉底结硬。

⑤ 拌制砂浆无计划，在规定时间内无法用完，而将剩余砂浆捣碎加水拌和后继续使用。

防治措施：

① 低强度等级砂浆应采用水泥混合砂浆，如确有困难，可掺微沫剂或掺水泥用量5%~10%的粉煤灰，以达到改善砂浆和易性的目的。

② 水泥混合砂浆中的塑化材料，应符合试验室试配时的质量要求。现场的石灰膏、粘土

膏等，应在池中妥善保管，防止暴晒、风干结硬，并经常浇水保持湿润。

③ 宜采用强度等级较低的水泥和中砂拌制砂浆。拌制时应严格执行施工配合比，并保证搅拌时间。

④ 灰槽中的砂浆，使用中应经常用铲翻拌、清底，并将灰槽内边角处的砂浆刮净，堆于一侧继续使用，或与新拌砂浆混在一起使用。

⑤ 拌制砂浆应有计划性，拌制量应根据砌筑需要来确定，尽量做到随拌随用、少量储存，使灰槽中经常有新拌的砂浆。

任务 2 砖砌体施工工艺

1．施工准备工作

1）砖浇水

砖应提前 1~2 d 浇水湿润，对烧结普通砖、多孔砖含水率宜为 10%~15%；对灰砂砖、粉煤灰砖含水率宜为 8%~12%。现场检验砖含水率的简易方法采用断砖法，当砖截面四周融水深度为 15~20 mm 时，视为符合要求的适宜含水率。

2）确定组砌方式

（1）基本组砌方式：砖墙根据其厚度不同，可采用全顺、两平一侧、全丁（240 mm）、一顺一丁、梅花丁或三顺一丁等砌筑形式（图 3-1）。

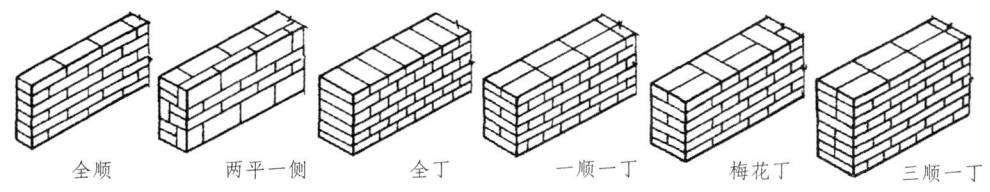

图 3-1 砖墙砌筑形式

全顺：各皮砖均顺砌，上下皮垂直灰缝相互错开半砖长（120 mm），适合砌半砖厚（115 mm）墙。两平一侧：两皮顺（或丁）砖与一皮侧砖相间，上下皮垂直灰缝相互错开 1/4 砖长（60 mm）以上，适合砌 3/4 砖厚（180 mm 或 300 mm）墙。

全丁：各皮砖均采用丁砌，上下皮垂直灰缝相互错开 1/4 砖长，适合砌一砖厚（240 mm）墙。

一顺一丁：一皮顺砖与一皮丁砖相间，上下皮垂直灰缝相互错开 1/4 砖长，适合砌一砖及一砖以上厚墙。

梅花丁：同皮中顺砖与丁砖相间，丁砖的上下均为顺砖，并位于顺砖中间，上下皮垂直灰缝相互错开 1/4 砖长，适合砌一砖厚墙。

三顺一丁：三皮顺砖与一皮丁砖相间，顺砖与顺砖上下皮垂直灰缝相互错开 1/2 砖长；顺砖与丁砖上下皮垂直灰缝相互错开 1/4 砖长。适合砌一砖及一砖以上厚墙。

一砖厚承重墙的每层墙的最上一皮砖、砖墙的阶台水平面上及挑出层，应采用整砖丁砌。

（2）砖墙的转角处、交接处，根据错缝需要应该加砌配砖。

图 3-2 所示是一砖厚墙一顺一丁转角处分皮砌法，为配砖为 3/4 砖（俗称七分头砖），位于墙外角。

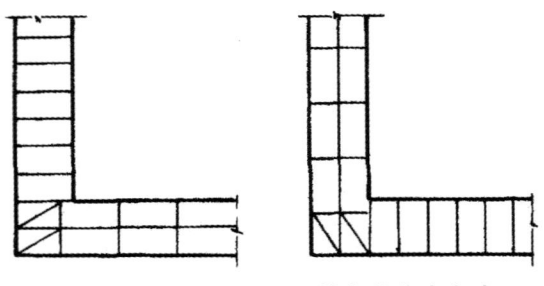

图 3-2 一砖墙一顺一丁转角处分皮砌法

（3）在墙上留置临时施工洞口，其侧边离交接处墙面不应小于 500 mm，洞口净宽度不应超过 1 m。临时施工洞口应做好补砌。

（4）不得在下列墙体或部位设置脚手眼：

① 半砖厚墙。

② 过梁上与过梁成 60°角的三角形范围及过梁净跨度 1/2 的高度范围内。

③ 宽度小于 1 m 的窗间墙。

④ 墙体门窗洞口两侧 200 mm 和转角处 450 mm 范围内。

⑤ 梁或梁垫下及其左右 500 mm 范围内；施工脚手眼补砌时，灰缝应填满砂浆，不得用干砖填塞。

3）制作皮数杆

皮数杆是一种方木标志杆。立皮数杆的目的是用于控制每皮砖砌筑时的竖向尺寸，并使铺灰、砌砖的厚度均匀，保证砖缝水平。皮数杆上除划有每皮砖和灰缝的厚度外，还画出了门窗洞、过梁、楼板等的位置和标高，用于控制墙体各部位构件的标高。皮数杆长度应有一层楼高（不小于 2 m），一般立于墙的转角处，内外墙交接处，立皮数杆时，应使皮数杆上的 ±0.000 线与房屋的标高起点线相吻合。

4）清　理

清除砌筑部位处所残存的砂浆、杂物等。

2．一般砖砌体砌筑工艺流程与方法要点

一般砖砌体砌筑工艺流程：抄平、放线→排砖撂底→立皮数杆→盘角、挂线→砌砖→勾缝→安装楼板。

1）抄平、放线

（1）底层抄平、放线：当基础砌筑到 ±0.000 时，依据施工现场 ±0.000 标准水准点在基础面上用水泥砂浆或 C10 细石混凝土找平，并在建筑物四角外墙面上引测 ±0.000 标高，画上符号并注明，作为楼层标高引测点；依据施工现场龙门板上的轴线钉拉通线，并沿通线挂线锤,将墙轴线引测到基础面上,再以轴线为标准弹出墙边线,定出门窗洞口的平面位置。轴线放出并经复查无误后,将轴线引测到外墙面上,画上特定的符号,作为楼层轴线引测点。

(2)轴线、标高引测:当墙体砌筑到各楼层时,可根据设在底层的轴线引测点,利用经纬仪或铅垂球,把控制轴线引测到各楼层外墙上;可根据设在底层的标高引测点,利用钢尺向上直接丈量,把控制标高引测到各楼层外墙上。

(3)楼层抄平、放线:轴线和标高引测到各楼层后,就可进行各楼层的抄平、放线。为了保证各楼层墙身轴线的重合,并与基础定位轴线一致,引测后,一定要用钢尺丈量各轴线间距,经校核无误后,再弹出各分间的轴线和墙边线,并按设计要求定出门窗洞口的平面位置。

注意抄平时厚度在不大于 20 mm 时用 1:3 水泥砂浆,厚度在大于 20 mm 时一般用 C15 细石混凝土找平。

2)排砖摆底(摆砖样)

排砖摆底是指在墙基面上,按墙身长度和组砌方式先用砖块试摆,核对所弹的门洞位置线及窗口、附墙垛的墨线是否符合所选用砖型的模数,对灰缝进行调整,以使每层砖的砖块排列和灰缝均匀,并尽可能减少砍砖。

3)立皮数杆

将皮数杆立于墙的转角处和交接处,其基准标高用水准仪校正。一般每隔 10 至 15 m 再设一根,在相对两皮数杆上砖上边线处拉准线。

4)盘角、挂线

砌砖前应先盘角,一般由经验丰富的泥工负责,每次盘角不要超过五层,新盘的大角,及时进行吊、靠,即三皮一吊,五皮一靠。如有偏差要及时修整。盘角时要仔细对照皮数杆的砖层和标高,控制好灰缝大小,使水平灰缝均匀一致。大角盘好后再复查一次,平整和垂直完全符合要求后,再挂线砌墙。砌筑一砖半墙必须双面挂线,如果长墙几个人均使用一根通线,中间应设几个支线点,小线要拉紧,每层砖都要穿线看平,使水平缝均匀一致,平直通顺;砌一砖厚混水墙时宜采用外手挂线,可照顾砖墙两面平整,为下道工序控制抹灰厚度奠定基础。

5)砌 砖

选择砌筑方法:宜采用"三一"砌筑法,即一铲灰、一块砖、一揉压的砌筑方法。当采用铺浆法砌筑时,铺浆长度不得超过 750 mm,施工期间气温超过 30 ℃ 时,铺浆长度不得超过 500 mm。

砌砖时砖要放平,里手高,墙面就要张;里手低,墙面就要背。砌砖一定要跟线,"上跟线,下跟棱,左右相邻要对平"。设计要求的洞口、管道、沟槽应于砌筑时正确留出或预埋,未经设计同意,不得打凿墙体和墙体上开凿水平沟槽。宽度超过 300 mm 的洞口上部,应设置钢筋混凝土过梁。砖墙每日砌筑高度不得超过 1.8 m。雨天不得超过 1.2 m

(1)留槎:"留槎"是指相邻砌体不能同时砌筑而设置的临时间断,为便于先砌砌体与后砌砌体之间的接合而设置。砖砌体的转角处和交接处应同时砌筑,严禁无可靠措施的内外墙分砌施工。对不能同时砌筑而又必须留置的临时间断处应砌成斜槎,斜槎水平投影长度不应小于高度的 2/3（图 3-3）。

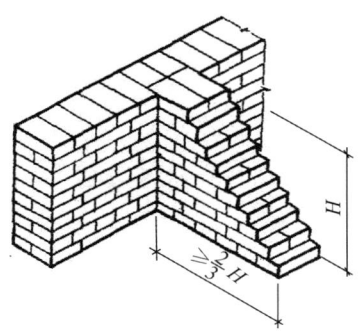

图 3-3　烧结普通砖砌体斜槎

非抗震设防及抗震设防烈度为 6 度、7 度地区的临时间断处,当不能留斜槎时,除转角处外,可留直槎,但直槎必须做成凸槎。留直槎处应加设拉结钢筋,拉结钢筋的数量为每 120 mm 墙厚放置 1Φ6 拉结钢筋（120 mm 厚墙放置 2Φ6 拉结钢筋）,间距沿墙高不应超过 500 mm；埋入长度从留槎处算起每边均不应小于 500 mm,对抗震设防烈度 6 度、7 度的地区,不应小于 1 000 mm；末端应有 90°弯钩（图 3-4）。

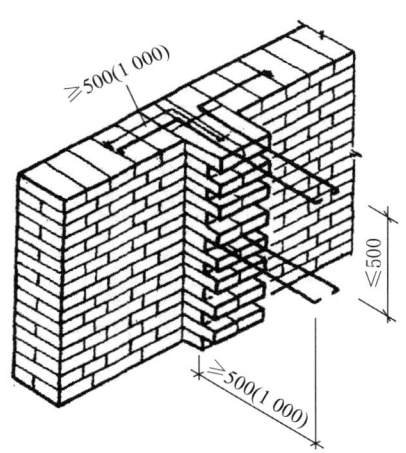

图 3-4　烧结普通砖砌体直槎

（2）构造柱设置处砖墙砌法：构造柱不单独承重,因此不需设独立基础,其下端应锚固于钢筋混凝土基础或基础梁内。在施工时必须先砌墙,为使构造柱与砖墙紧密结合,墙体砌成马牙槎的形式。从每层柱脚开始,先退后进,退进不小于 60 mm,每一马牙槎沿高度方向的尺寸不宜超过 300 mm。沿墙高每 500 mm 设 2Φ6 拉结钢筋。每边伸入墙内不宜小于 1 m。预留伸出的拉结钢筋,不得在施工中任意弯折,如有歪斜、弯曲,在浇灌混凝土之前,应校正到正确位置并绑扎牢固。马牙槎构造见图 3-5。

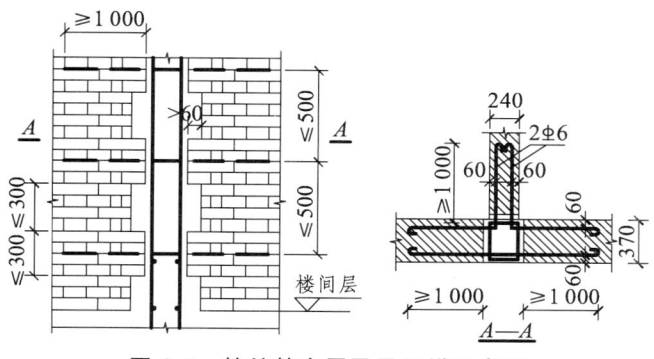

图 3-5 拉结筋布置及马牙槎示意图

（3）安装过梁、钢筋砖过梁砌筑方法：安装过梁、梁垫时，其标高、位置及型号必须准确，坐灰饱满。如坐灰厚度超过 20 mm 时，要用豆石混凝土铺垫，过梁安装时，两端支承点的长度应一致。

当洞口跨度小于 1.5 m 时，可采用钢筋砖过梁。钢筋砖过梁的底面为砂浆层，砂浆层厚度不宜小于 30 mm。砂浆层中应配置钢筋，钢筋直径不应小于 5 mm，其间距不宜大于 120 mm，钢筋两端伸入墙体内的长度不宜小于 250 mm，并有向上的直角弯钩（图 3-6）。

钢筋砖过梁砌筑前，应先支设模板，模板中央应略有起拱。砌筑时，宜先铺 15 mm 厚的砂浆层，把钢筋放在砂浆层上，使其弯钩向上，然后再铺 15 mm 砂浆层，使钢筋位于 30 mm 厚的砂浆层中间。之后，按墙体砌筑形式与墙体同时砌砖。钢筋砖过梁截面计算高度内（7皮砖高）的砂浆强度不宜低于 M5。钢筋砖过梁底部的模板，应在砂浆强度不低于设计强度 50% 时，方可拆除。

（4）门窗洞口木砖埋设：木砖预埋时应小头在外，大头在内，数量按洞口高度决定。洞口高在 1.2 m 以内，每边放 2 块；高 1.2～2 m，每边放 3 块；高 2～3 m，每边放 4 块，预埋木砖的部位一般在洞口上边或下边四皮砖，中间均匀分布。木砖要提前做好防腐处理。

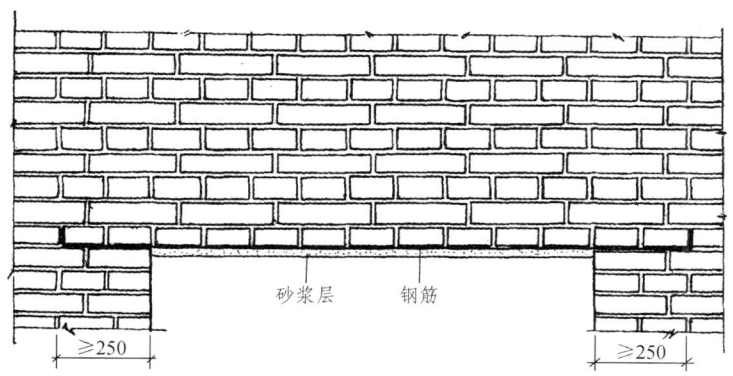

图 3-6 钢筋砖过梁

6）勾 缝

清水墙砌筑应随砌随勾缝，一般深度以 6～8 mm 为宜，缝深浅应一致，清扫干净。砌混水墙应随砌随将溢出砖墙面的灰浆刮除。

任务3　砖砌体工程质量控制

1. 砌筑质量的基本要求

砌筑质量的基本要求可概括为：横平竖直、砂浆饱满、上下错缝、接槎牢固。

（1）横平竖直。砖砌的灰缝应横平竖直，厚薄均匀。这既可保证砌体表面美观，也能保证砌体均匀受力。水平灰缝厚度宜为 10 mm，但不应小于 8 mm，也不应大于 12 mm。过厚的水平灰缝容易使砖块浮滑，且降低砌体抗压强度，过薄的水平灰缝会影响砌体之间的粘结力。竖向灰缝应垂直对齐，如不齐称为游丁走缝，影响砌体外观质量。

（2）砂浆饱满。砌体水平灰缝的砂浆饱满度不得小于 80%，砌体的受力主要通过砌体之间的水平灰缝传递到下面，水平灰缝不饱满影响砌体的抗压强度。竖向灰缝不得出现透明缝、瞎缝和假缝。竖向灰缝的饱满程度，影响砌体抗透风、抗渗和砌体的抗剪强度。

（3）上下错缝。上下错缝是指砖砌体上下两皮砖的竖缝应当错开，以避免上下通缝。当上下二皮砖搭接长度小于 25 mm 时，即为通缝。在垂直荷载作用下，砌体会由于"通缝"而丧失整体性，影响砌体强度。

（4）接槎牢固。临时间断处留槎必须符合有关规定要求，为使接槎牢固，后面墙体施工前，必须将留设的接槎处表面清理干净，浇水湿润，并填实砂浆，保持灰缝平直。

2. 一般砖砌体质量验收项目

（1）主控项目：砖和砂浆的强度等级；砂浆饱满度；留槎；轴线位置偏移（10 mm）及垂直度（每层 5 mm；全高：≤10 m，10 mm；>10 m，20 mm）。

（2）一般项目：组砌方法；灰缝厚度；允许偏差项目（基础顶面和楼面标高；表面平整度；门窗洞口高、宽；外墙上下窗口偏移；水平灰缝平直度；清水墙游丁走缝）。

3. 砌筑工程质量通病及预防

（1）砌体组砌方法错误。

砌墙面出现数皮砖同缝（通缝、直缝）、里外两张皮，砖柱采用包心法砌筑，里外皮砖层互不相咬，形成周围通天缝等，影响砌体强度，降低结构整体性。预防措施是：对工人加强技术培训，严格按规范方法组砌，缺损砖应分散使用，少用半砖，禁用碎砖。

（2）墙面灰缝不平直、游丁走缝、墙面凹凸不平。

水平灰缝弯曲不平直，灰缝厚度不一致，出现"螺丝"墙，垂直灰缝歪斜，灰缝宽窄不匀，丁不压中（丁砖未压在顺砖中部），墙面凹凸不平。预防措施是：砌前应摆底，并根据砖的实际尺寸对灰缝进行调整；采用皮数杆拉线砌筑，以砖的小面跟线，拉线长度（15～20 m）超长时，应加腰线；竖缝，每隔一定距离应弹墨线找齐，墨线用线锤引测，每砌一步架用立线向上引伸，立线、水平线与线锤应"三线归一"。

（3）墙体留槎错误。

砌墙时随意留直槎，甚至是阴槎，构造柱马牙槎不标准，槎口以砖渣填砌，接槎砂浆填塞不严，影响接槎部位砌体强度，降低结构整体性。预防措施是：施工组织设计中应对留槎作统一考虑，严格按规范要求留槎。

（4）拉结钢筋被遗漏。

构造柱及接槎的水平拉结钢筋常被遗漏，或未按规定布置；配筋砖缝砂浆不饱满，露筋年久易锈。预防措施是：拉结筋应作为隐检项目对待，应加强检查，并填写检查记录存档。施工中，对所砌部位需要的配筋应一次备齐，以备检查有无遗漏。适当增加灰缝厚度（以钢筋网片厚度上下各有 2 mm 保护层为宜）。

（5）层高超高。

层高实际高度与设计高度的偏差超过允许偏差。预防措施是：保证配置砌筑砂浆的原材料符合质量要求，并且控制铺灰厚度和长度；砌筑前应根据砌块、梁、板的尺寸和规格，计算砌筑皮数，绘制皮数杆，砌筑时控制好每皮砌块的砌筑高度，对于原楼地面的标高误差，可在砌筑灰缝或圈梁、楼板找平层的允许误差内逐皮调整。

项目 2 构造柱、圈梁施工

多层砌体结构主体标准层施工顺序一般为：施工准备→构造柱钢筋绑扎→砌筑→搭脚手架→砌筑（一步架、二步架）→过梁底模支设→圈梁、过梁钢筋绑扎→构造柱、圈梁模板→构造柱、圈梁、现浇板混凝土浇筑→……

其中圈梁、构造柱是目前现行设计规范中强制设计抗震构造，在砖混结构中非常重要。

任务 1 构造柱施工

1. 钢筋绑扎

修整底层伸出的构造柱搭接筋→连接构造柱主筋→箍筋绑扎→修整。

（1）修整底层伸出的构造柱搭接筋。根据已放好的构造柱位置线，检查搭接筋位置及搭接长度是否符合设计和抗震规范的要求，底层构造柱竖筋锚固应符合规范要求。

（2）安装构造柱钢筋骨架。先在搭接处的钢筋套上箍筋，注意箍筋应交错布置。然后再将预制构造柱钢筋骨架立起来，对正伸出的搭接筋，对好标高线，在竖筋搭接部位各绑 3 个扣，两端中间各一扣。骨架调整后，可以顺序从根部加密区箍筋开始往上绑扎。

（3）砌完砖墙后，应对构造柱钢筋进行修整，以保证钢筋位置及间距准确。

（4）构造柱钢筋构造：底层构造柱纵筋必须锚入基础，顶层构造柱纵筋必须锚入顶层圈梁，锚固长度一般取 $40d$。柱顶、柱脚与圈梁钢筋交接处 500 mm 范围内箍筋应加密，加密间距取 100 mm。与墙体拉结筋为 $\phi 6$ 每隔 500 mm 进行设置，离墙边 60 mm 各设一根，每边伸入墙 1 m，末端弯 40 mm 直钩。

2. 模板支设

支模板前将构造柱、圈梁及板缝内的杂物全部清理干净。

（1）构造柱模板采用定型组合钢模板或竹胶板模板，柱箍用 50 mm×100 mm 的方木（如果有成套的角钢柱箍，也可使用）。

（2）外墙转角部位：外侧用阳角模板与平模拼装，模板与墙交接处的宽度不应少于 50 mm。用 50 mm×100 mm 方木做柱箍，用木楔子楔紧。每根构造柱的柱箍不得少于 3 道。内侧模用阴角模板，"U"形钢筋钉固定。模板与墙面接触部分，加密封条，防止漏浆。

（3）内墙十字交点部位：用阴角模板拼装。先用"U"形钢筋钉临时固定，再调整模板的垂直度，符合要求后，用"U"形钢筋钉固定。固定用钢筋钉每侧不少于 3 个。

3．混凝土浇筑

在浇灌砖砌体构造柱混凝土前，必须将砌体和模板浇水润湿，并将模板内的落地灰、砖碴和其他杂物清除干净。构造柱混凝土可分段浇灌，每段高度不宜大于 2 m。在施工条件较好并能确保浇灌密实时，亦可每层浇灌一次。浇灌混凝土前，在结合面处先注入适量水泥砂浆（构造柱混凝土配比相同的去石子水泥砂浆），再浇灌混凝土。振捣时，振捣器应避免触碰砖墙，严禁通过砖墙传递振动。

对于填充墙中设置构造柱混凝土的浇筑，由于构造柱顶部到楼板下表面，可采取距离梁顶 15 cm 处支成斜模高出梁底 10 cm，混凝土浇注也高出 10 cm，振捣密实，等混凝土上满足拆模条件后拆模剔凿干净，并在梁底处预留 50 mm 空隙（构造柱主筋不断），待主体工程完工后，用 1：2 水泥砂浆浇注密实。

任务 2　圈梁施工

1．钢筋安装

（1）圈梁与构造柱钢筋交叉处，圈梁钢筋放在构造柱受力钢筋内侧。圈梁钢筋在构造柱部位搭接时，其搭接倍数或锚入柱内长度要符合设计要求。

（2）圈梁钢筋应互相交圈，在内墙交接处、墙大角转角处的锚固长度，均要符合设计要求。

（3）楼梯间、附墙烟囱、垃圾道及洞口等部位的圈梁钢筋被切断时，应搭接补强，构造方法应符合设计要求，标高不同的高低圈梁钢筋，应按设计要求搭接或连接。

（4）圈梁钢筋绑扎后，应加钢筋保护层垫块，以控制受力钢筋的保护层。

（5）钢筋下料应严格按照《建筑物抗震构造详图》（砖混结构楼房）G329 – 3 图集要求设置；拐角处及丁字墙处附加筋应严格按要求设置。

（6）圈梁节点构造。圈梁节点通常有两种情况：

① 无构造柱节点：在节点处，因为没有构造柱，应将圈梁的纵筋锚入相邻圈梁内，分为 L 形、T 形和十字形三种节点，锚固长度满足受拉锚固长度，如图 3-7、3-8 所示。

② 有构造柱节点：在节点处，将圈梁的纵筋锚固构造柱内，锚固长度满足受拉锚固长度，一般取 38 d。如图 3-9、3-10 所示。

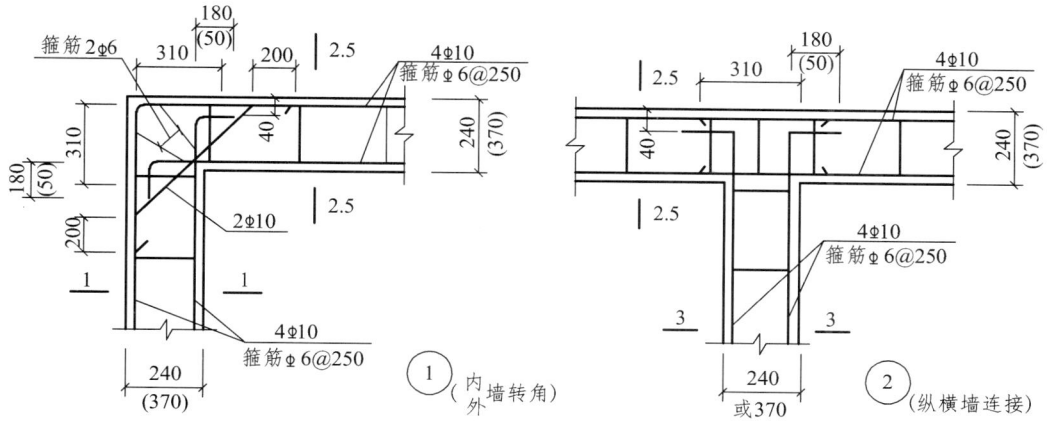

图 3-7 板底圈梁无构造柱节点（6、7度设防）

1—L 型转角；2—T 型纵横墙连接

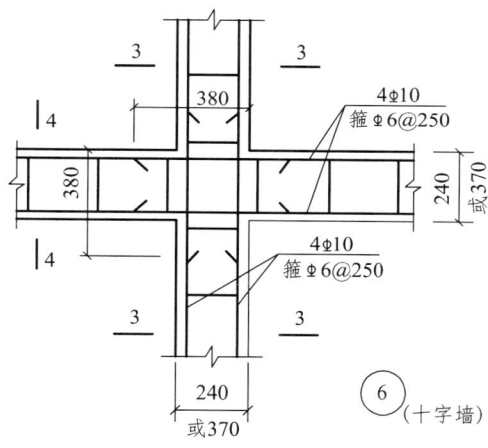

图 3-8 板底圈梁无构造柱十字墙节点（6、7度设防）

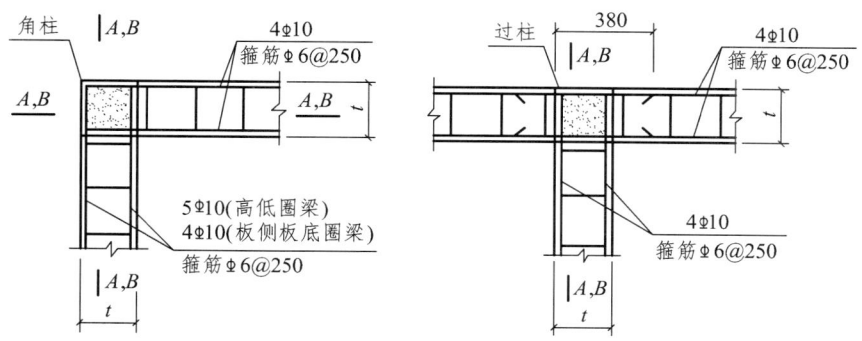

图 3-9 有构造柱节点圈梁钢筋锚固平面图

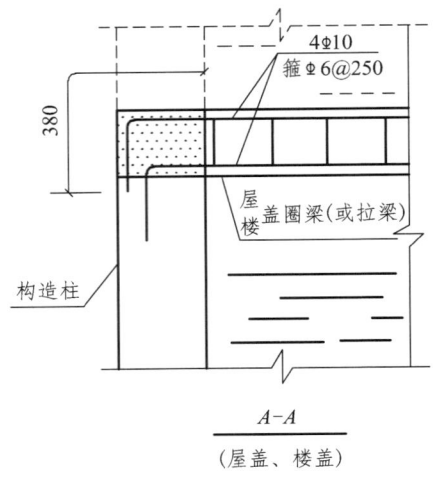

图 3-10 有构造柱节点圈梁钢筋锚固剖面图

2. 模板安装

圈梁模板是由横楞（托木）、侧模、夹木、斜撑和搭头木等组成。以砖墙顶面为底模，侧模高度一般是圈梁高度加一皮砖厚度，以便支模时两侧侧模夹住顶皮砖。安装模板前，在离圈梁底第二皮砖，每隔 0.9~1.2 m 放置楞木（楞木截面 50 mm×100 mm，或脚手架钢管），也称挑扁担。侧木立于横楞上，在横楞上钉夹木，使侧模夹紧墙面。斜撑下端钉在横楞上，上端钉在侧模的木挡上。搭头木上画出圈梁宽度线，依线对准侧模里口，隔一定距离钉在侧模上（或用铁丝拉固）。见图 3-11。

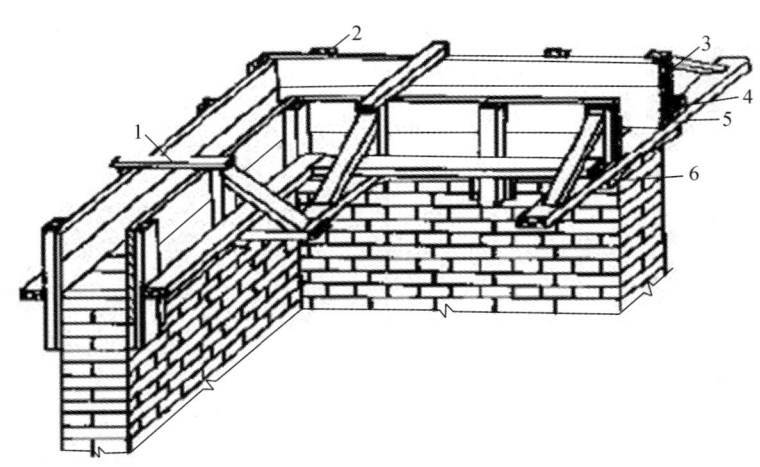

图 3-11 圈梁模板
1—搭头木；2—木挡；3—斜撑；4—夹木；5—横楞；6—木楔

圈梁模板也可采用钢模板，以适当布置的梁卡具做支撑和加固，见图 3-12。

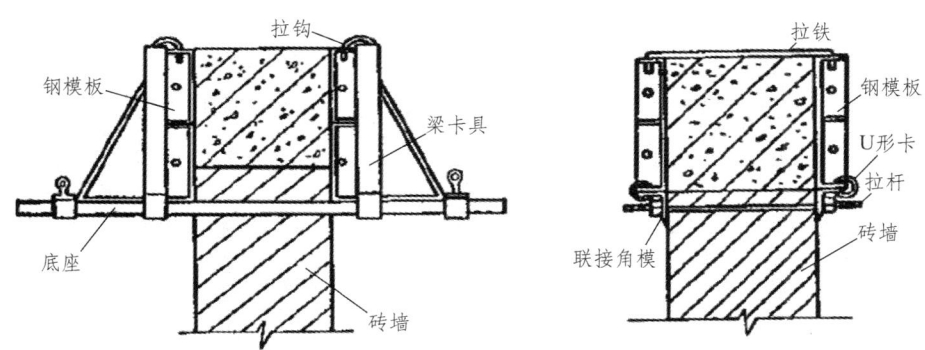

图 3-12 采用钢模板支设圈梁

3．板缝模板

（1）板缝宽度 4 cm，用 50 mm×50 mm 方木做底（或 $\phi48\sim\phi50$ 的钢管）。大于 4 cm 的用竹胶板做底模，伸入板底 5~10 mm，留出凹槽。

（2）板缝模板采用木支撑，尽量避免采用吊杆方法。将 20 mm×40 mm×2 500 mm 的木条一端锯出一个"V"形口，与 50 mm×50 mm 的木条卡住，利用木支撑的弹力将板缝模板固定，每条板缝的支撑不少于 2 个。

项目 3　其他砌体施工

任务 1　石砌体施工

1．毛石砌体砌筑工艺要点

砌筑前应清除石材表面的泥垢、水绣等杂物。毛石砌体宜采用铺浆法砌筑，砂浆必须饱满，叠砌面的粘灰面积（即砂浆饱满度）应大于 80%。

毛石砌体宜分皮卧砌，各皮石块间应利用毛石自然形状经敲打修整使能与先砌毛石基本吻合、搭砌紧密；毛石应上下错缝，内外搭砌，不得采用外面侧立毛石中间填心的砌筑方法；中间不得有铲口石（尖石倾斜向外的石块）、斧刃石（尖石向下的石块）和过桥石（仅在两端搭砌的石块），见图 3-13。

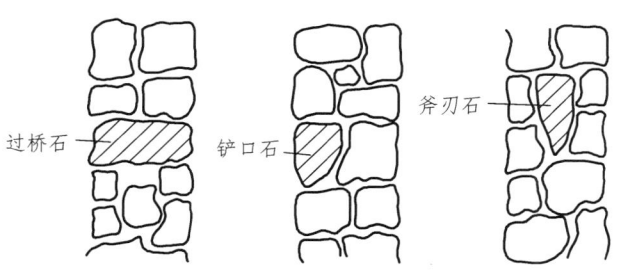

图 3-13　过桥石、铲口石、斧刃石

石砌体的灰缝厚度：毛料石和粗料石砌体不宜大于20 mm；细料石砌体不宜大于5 mm。石块间不得有相互接触现象。石块间较大的空隙应先填塞砂浆后用碎石块嵌实，不得采用先摆碎石块后塞砂浆或干填碎石块的方法。砂浆初凝后，如移动已砌筑的石块，应将原砂浆清理干净，重新铺浆砌筑。

2. 毛石基础施工

砌筑毛石基础的第一皮石块坐浆，并将石块的大面向下。毛石基础的转角处、交接处应用较大的平毛石砌筑。

毛石基础的扩大部分，如做成阶梯形，上级阶梯的石块应至少压砌下级阶梯石块的1/2，相邻阶梯的毛石应相互错缝搭砌（图3-14）。

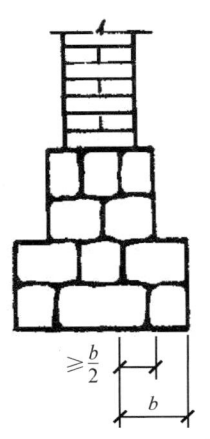

图3-14 阶梯形毛石基础

毛石基础水平灰缝厚度不宜大于20 mm，大石缝中，先填1/3～1/2的水泥砂浆，再用小石子、石片塞入其中，轻轻敲实。砌筑时，上下皮石间一定要用拉结石，把内外层石块拉接成整体，在立面看时呈梅花形，上下左右错开。同皮内每隔2 m左右设置一块，拉结石长度：如基础宽度等于或小于400 mm，应与基础宽度相等；如基础宽度大于400 mm，可用两块拉结石内外搭接，搭接长度不应小于150 mm，且其中一块拉结石长度不应小于基础宽度的2/3。

3. 毛石挡土墙施工

石挡土墙可采用毛石或料石砌筑。砌筑毛石挡土墙应符合下列规定（图3-15）：

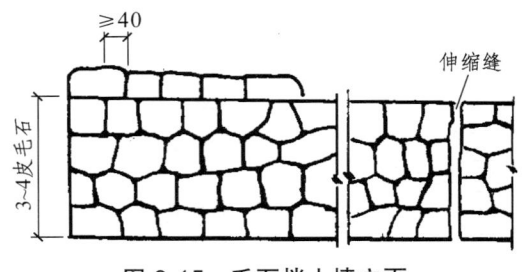

图3-15 毛石挡土墙立面

（1）每砌 3~4 皮毛石为一个分层高度，每个分层高度应找平一次。

（2）外露面的灰缝厚度不得大于 40 mm，两个分层高度间分层处的错缝不得小于 80 mm。

（3）料石挡土墙宜采用丁顺组砌的砌筑形式。当中间部分用毛石填砌时，丁砌料石伸入毛石部分的长度不应小于 200 mm。石挡土墙的泄水孔当设计无规定时，施工应符合下列规定：

① 泄水孔应均匀设置，在每米高度上间隔 2 m 左右设置一个泄水孔。

② 泄水孔与土体间铺设长宽各为 300 mm、厚 200 mm 的卵石或碎石作疏水层。

（4）挡土墙内侧回填土必须分层夯填，分层松土厚度应为 300 mm。墙顶土面应有适当坡度使流水流向挡土墙外侧面。

（5）挡土墙砌筑常见质量通病。挡土墙砌筑常见质量通病为组砌不良。

① 现象：上下两层石块不错缝搭接或搭接长度太少；同皮内采用丁顺相间组砌时，丁砌石数量太少（中心距过大）；采用同皮内全部顺砌或丁砌时，丁砌层层数太少；阶梯形挡土墙各阶梯的标高和墙顶标高偏差过大。

② 原因分析：不执行施工规范和操作规程的有关规定；不按设计要求和石料的实际尺寸，预先计算确定各段应砌皮数和灰缝厚度。

③ 防治措施：毛料石挡土墙应上下错缝搭砌。阶梯形挡土墙的上阶梯料石至少压砌下阶梯料石宽的 1/3；同皮内采用丁顺组砌时，丁砌石应交错设置，其中心距不应大于 2 m；毛料石挡土墙厚度大于或等于两块石块宽度时，可以采用同皮内全部顺砌，但每砌两皮后，应砌一皮丁砌层；按设计要求、石料厚度和灰缝允许厚度的范围，预先计算出砌完各段、各皮的灰缝厚度，如果上述三项要求不能同时满足时，应提前办理技术核定或设计修改。

任务 2　混凝土小型空心砌块

1. 一般构造要求

（1）混凝土小型空心砌块砌体所用的材料，除满足强度计算要求外，尚应符合下列要求：

① 对室内地面以下的砌体，应采用普通混凝土小砌块和不低于 M5 的水泥砂浆。

② 五层及五层以上民用建筑的底层墙体，应采用不低于 MU5 的混凝土小砌块和 M5 的砌筑砂浆。

（2）在墙体的下列部位，应用 C20 混凝土灌实砌块的孔洞：底层室内地面以下或防潮层以下的砌体；无圈梁的楼板支承面下的一皮砌块；没有设置混凝土垫块的屋架、梁等构件支承面下，高度不应小于 600 mm，长度不应小于 600 mm 的砌体；挑梁支承面下，距墙中心线每边不应小于 300 mm，高度不应小于 600 mm 的砌体。

2. 芯柱设计

芯柱是按设计要求设置在小型混凝土空心砌块墙的转角处、纵横墙交接处和楼梯间四角的三个孔洞，插入钢筋并浇筑混凝土而成。芯柱的构造要求如下：

（1）芯柱截面不宜小于 120 mm×120 mm，宜用不低于 C20 的细石混凝土浇灌。

（2）钢筋混凝土芯柱每孔内插竖筋不应小于 1φ10 或 φ12（6~8 度抗震设防），底部应伸入室内地面下 500 mm 或与基础圈梁锚固，顶部与屋盖圈梁锚固。

（3）在钢筋混凝土芯柱处，沿墙高每隔 600 mm 应设 φ4 钢筋网片拉结，每边伸入墙体不小于 600 mm（图 3-16）或 1 000 mm（6~8 度抗震设防）；芯柱应沿房屋的全高贯通，并与各层圈梁整体现浇。

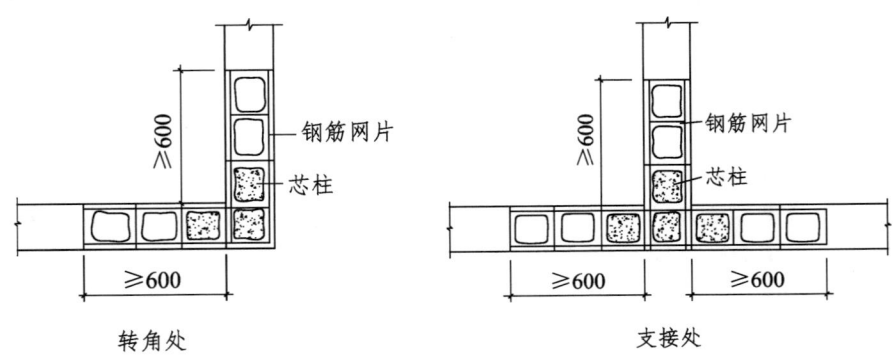

图 3-16 钢筋混凝土芯柱处拉筋

3．施工工艺

1）施工准备

（1）进入施工现场的小砌块必须从持有产品合格证明书的同一厂家购入。合格证书应包括型号、规格、产品等级、强度等级、密度等级、生产日期等项内容。同时，要求在厂内的养护龄期必须确保 28 d。

（2）墙体施工前必须按设计图房屋的轴线编绘小砌块平、立面排列图。排列时应根据小砌块规格、灰缝厚度和宽度、门窗洞口尺寸、过梁与圈梁的高度、芯柱或构造柱位置、预留洞大小、管线、开关、插座敷设部位等进行对孔、错缝搭接排列，并以主规格小砌块为主，辅以相应配套块。

（3）砌块进场应按不同规格和标号分别整齐堆放，高度不得超过 1.6 m，应避免雨淋，以防止砌体产生干缩裂纹。

2）操作技术要点

（1）砌块上墙前湿度控制：

由混凝土制成的砌块与一般烧结材料不同，湿度变化时体积也会变化，通常表现为湿胀干缩。如果干缩变形过大，超过了砌块块体或灰缝允许的极限，砌块墙就可能产生裂缝。因此，用砌块砌墙时须控制砌块上墙前的湿度。混凝土砌块和粘土砖的显著差别是前者不能浸水或浇水，以免砌块吸水膨胀。在气候特别干热的情况下，因砂浆水分蒸发过快，不便施工时，可在砌筑前稍加喷水湿润。

（2）砌块砌筑要点：

小砌块砌筑应采用不低于 M5 的细砂混合浆，此砂浆能保证和易性和粘结度，立缝碰头灰若采用中粗纱，碰头灰很难刮上。

砌块应进行反砌，即小砌块生产时的底面朝上砌筑于墙体上，易于铺放砂浆和保证水平灰缝砂浆的饱满度。小砌块应对孔错缝搭砌，个别情况当无法对孔砌筑时，普通混凝土小砌块错缝长度不应小于 90 mm，轻骨料混凝土小砌块错缝长度不应小于 120 mm；当不能保证此规定时，应在水平灰缝中设置 2φ4 钢筋网片，钢筋网片每端均应超过该垂直灰缝，其长度不得小于 300 mm（图 3-17）。

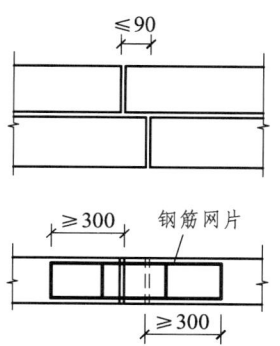

图 3-17 水平灰缝中拉结筋

水平灰缝的砂浆饱满度，应按净面积计算不得低于 90%；竖向灰缝饱满度不得小于 80%，竖缝凹槽部位应用砌筑砂浆填实；不得出现瞎缝、透明缝。灰缝厚度与砖砌体一致。

墙体转角处和纵横交接处应同时砌筑。临时间断处应砌成斜槎，斜槎水平投影长度不应小于高度的 2/3。

承重砌体严禁使用断裂小砌块或壁肋中有竖向凹形裂缝的小砌块砌筑。

3）注意事项

（1）墙上现浇混凝土圈梁等构件时，必须将梁底作底模用的一皮小砌块孔洞预先填实 140 mm 高的 C20 混凝土或采用实心小砌块。固定圈梁、挑梁等构件侧模的水平拉杆、扁铁或螺栓应从小砌块灰缝中的预留 φ10 孔穿入，不得在小砌块块体上打凿安装洞。但可利用侧砌的小砌块孔洞，等模板拆除后，用 C20 混凝土将孔洞填实。

（2）木门框与小砌块墙体连接可在单孔小砌块（190 mm×190 mm×190 mm）孔洞内埋入满涂沥青的楔形木砖块，四周用 C20 混凝土填实。砌筑时，应将显露木砖的一面砌于门洞两侧上、中、下部位各 3 块，木门框即钉设木砖上。门窗洞口两侧的小砌块孔洞灌填 C20 混凝土，其门窗与墙体的连接方法可按实心混凝土墙体施工。

（3）严禁在墙体上剔凿。对设计规定的洞口、管道、沟槽和预埋件，应在砌筑时预留或要预埋，严禁在砌好的墙体上剔凿，对电气穿线管，可利用砌块孔作穿线孔，考虑墙体刚度，可将 U 形横孔用 C10～C15 混凝土灌到上平下 5 cm 处，留作横向穿线孔。

4．芯柱施工

（1）芯柱部位宜采用不封底的通孔小砌块，当采用半封底小砌块时，砌筑前必须打掉孔洞毛边。在楼（地）面砌筑第一皮小砌块时，在芯柱部位，应用开口砌块（或 U 形砌块）砌出操作孔，在操作孔侧面宜预留连通孔，必须清除芯柱孔洞内的杂物及削掉孔内凸出的砂浆，用水冲洗干净，校正钢筋位置并绑扎或焊接固定后，方可浇灌混凝土。

芯柱钢筋应与基础或基础梁中的预埋钢筋连接，上下楼层的钢筋可在楼板面上搭接，搭接长度不应小于40d（d为钢筋直径）。

（2）砌筑砂浆强度达到1.0 MPa以上方可浇筑芯柱混凝土。浇筑混凝土前不用浇水湿润（即使浇水湿润，往往只对上面几层砌块有作用），芯柱以采用塑性混凝土为宜，坍落度在100 mm以上，这样既便于浇筑又能使孔洞周围的砌块吸收一部分水分，从而起到浇水湿润砌块的作用。每浇灌400~500 mm高度混凝土捣实一次。灌孔所用混凝土内宜加一定量的膨胀剂，以保证混凝土不因失水收缩而降低与周围砌块的粘结力。浇筑后的芯柱应低于最上面一层砌块表面至少50 mm，利于上、下芯柱的连接，增加芯柱抗剪能力并保证芯柱连成整体。芯柱、底圈梁、上圈梁的钢筋应相互连接，混凝土同时灌注。

5．混凝土小砌块砌体质量要求

（1）主控项目：小砌块和砂浆的强度等级；砌体水平灰缝的砂浆饱满度和竖缝；留槎；轴线偏移和垂直度偏差。

（2）一般项目：水平灰缝厚度和竖向灰缝宽度；一般尺寸允许偏差（基础顶面和楼面标高；表面平整度；门窗洞口高、宽；外墙上下窗口偏移；水平灰缝平直度）。

任务3 填充墙砌体施工

1．填充墙砌体施工的质量通病问题

填充墙主要是在框架、框剪结构或钢结构中，用于维护或分隔区间的墙体。大多采用烧结多孔砖、混凝土小型空心砌块和加气混凝土砌块等。要求有一定的强度、轻质、隔音、隔热等效果。尤其是加气混凝土砌块在近年来得到了广泛的应用，但在目前使用情况并不理想，其原因主要为：① 设计单位未能掌握加气混凝土砌块的有关设计要点，构造补强措施未能在图纸上标明；② 建设单位对构造补强措施认识不足，为降低工程造价，取消挂网等构造补强措施；③ 监理和施工单位现场管理人员未掌握加气混凝土砌块的施工要点，砌筑工人不熟悉工艺，仍按粘土实心砖的施工工艺进行砌筑；④ 砌块生产企业为加速周转，将产品龄期未到28 d的加气混凝土砌块运至施工现场并用于工程。

在汶川地震灾区倒塌破坏房屋调查中，填充墙的破坏较为普遍，所以填充墙的施工除应满足一般砖砌体和各类砌块等相应技术、质量、工艺标准外，主要应注意以下几方面的问题：

1）与结构的连接问题

（1）墙两端与结构连接。砌体与混凝土柱或剪力墙的连接一般有三种方式：第一种是预留拉结筋法（图3-18①）；第二种方法是预埋铁件加焊拉结钢筋（图3-18②）；另一种方法是植筋法（图3-18③）。不管采用哪种方法，都应注意预留位置和砌块灰缝对齐。

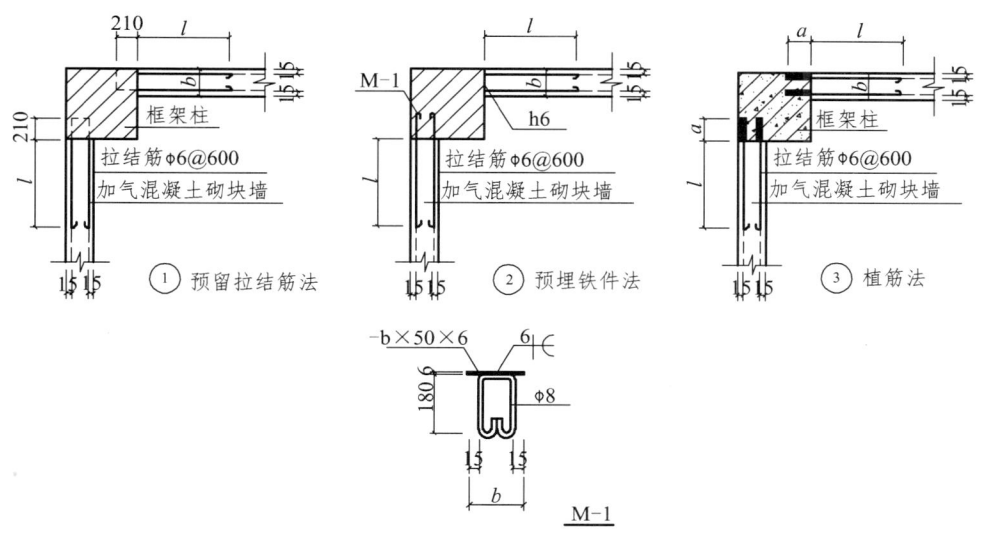

图 3-18 填充墙两端与结构连接

注：(1) 拉结筋伸入墙内长度 l：非抗震为 500 mm，6、7 度设防为墙长的 1/5 且 $\geq$ 700 mm，8、9 度设防沿墙全长贯通。
(2) 植筋锚固长度 a 根据胶的粘结力由抗拔试验结果确定并不得小于 100 mm。

（2）墙顶与结构件底部。为保证墙体的整体性、稳定性，填充墙顶部应采取相应的措施与结构挤紧。通常采用砌筑"滚砖"（实心砖）或在梁底做预埋铁件等方式与填充墙连接，具体构造见图 3-19。不论采用哪种连接方式，都应分两次完成一片墙体的施工，其中时间间隔不少于 7 d。这是为了让砌体砂浆有一个完成压缩变形的时间，保证墙顶与构件连接的效果。

（3）施工注意事项：填充墙施工最好从顶层向下层砌筑，防止因结构变形量向下传递而造成早期下层先砌筑的墙体产生裂缝。特别是空心砌块，此裂缝的发生往往是在工程主体完成 3～5 个月后，通过墙面抹灰在跨中产生竖向裂缝得以暴露。因而质量问题的滞后性给后期处理带来困难。

如果工期太紧，填充墙施工必须由底层逐步向顶层进行时，则墙顶的连接处理需待全部砌体完成后，从上层向下层施工，此目的是给每一层结构一个完成变形的时间和空间。

2）门窗的连接问题

由于空心砌块与门窗框直接连接不易达到要求，特别是门窗较大时，施工中通常采用在洞口两侧做混凝土构造柱、预埋混凝土预制块及镶砖的方法。空心砌块在窗台顶面应做成混凝土压顶，以保证门窗框与砌体的可靠连接。

3）防潮防水问题

空心砌块用于外墙面涉及防水问题，在墙的迎风迎雨面，在风雨作用下易产生渗漏现象。主要发生在灰缝处。因此在砌筑中，应注意灰缝饱满密实，其竖缝应灌砂浆插捣密实。

外墙面的装饰层采取适当的防水措施，如在抹灰层中加 3%～5%的防水粉、面砖勾缝或表面刷防水剂等，确保外墙的防水效果。目前市场上有多种防水砂浆材料，其工艺特点是靠砂浆材料自身在养护条件下产生较好的防水效果，以满足外墙防水要求。特别是对高孔隙率的墙体材料。

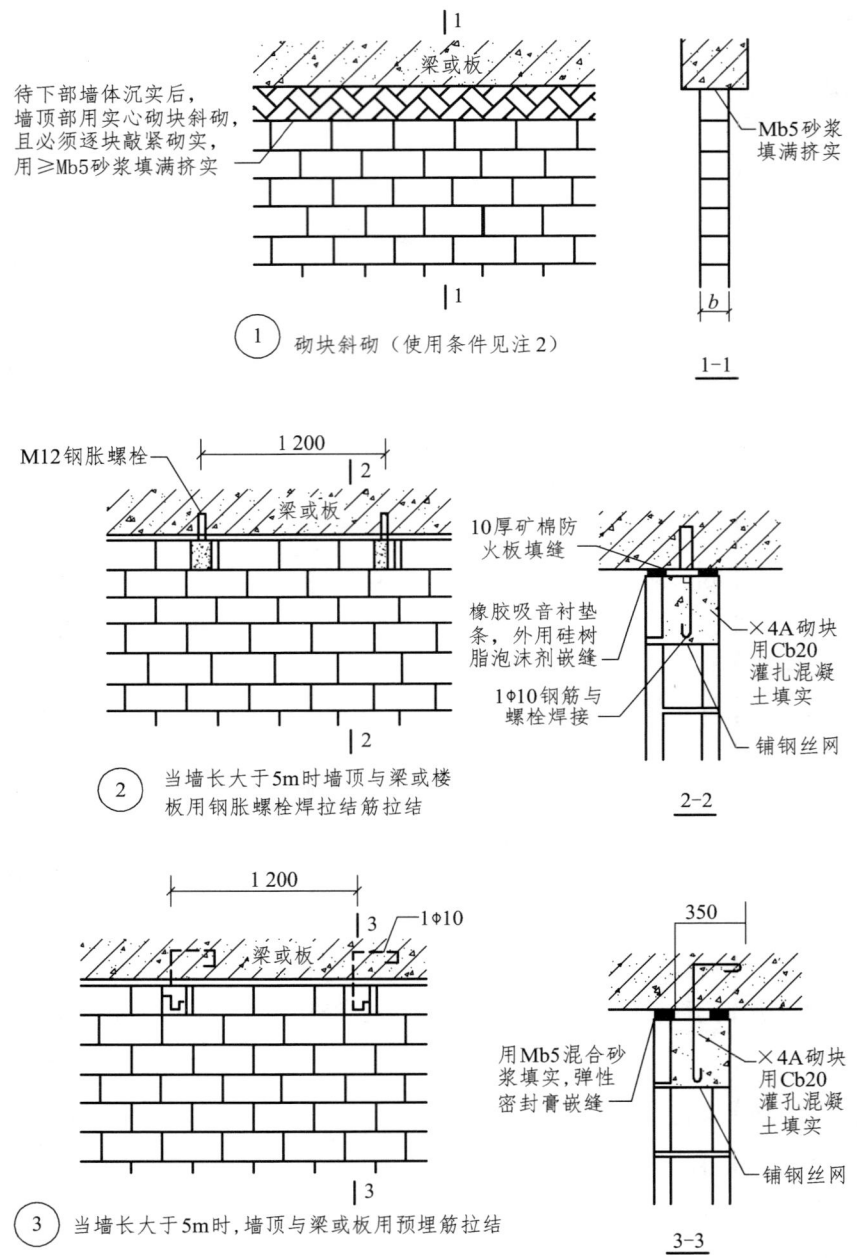

图 3-19　填充墙顶与结构件底部连接

注：节点 1 只适用于非抗震设防或 6、7 度抗震设防且墙长小于 5 m 的内隔墙。

用于室内隔墙时,砌体下应用实心混凝土块或实心砖砌 200 mm 高的底座。也可采用混凝土现浇。

4)墙体转角构造

墙体转角、交接处(L、T 和十字形)属于填充墙薄弱环节,应使纵横墙的砌块相互搭砌,隔皮砌块露端面。加气混凝土砌块墙的 T 字交接处,应使横墙砌块隔皮露端面,并坐中于纵墙砌块(图 3-20);还应沿墙高每 600 mm,在水平灰缝中放置拉结钢筋,拉结钢筋为 2Φ6,钢筋伸入墙内长度 l:非抗震为 700 mm,6、7 度设防为墙长的 1/5 且不小于 700 mm,8、9 度沿墙全长贯通(图 3-21)。

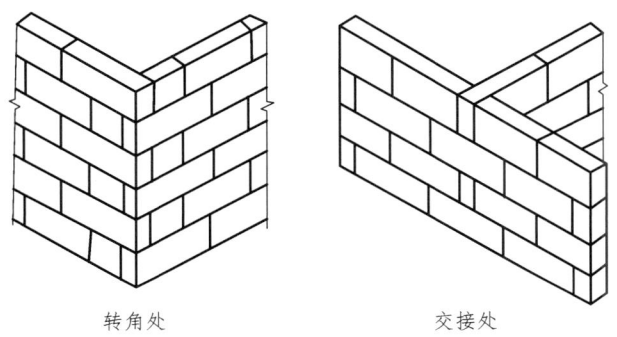

图 3-20 加气混凝土砌块墙的转角处、交接处砌法

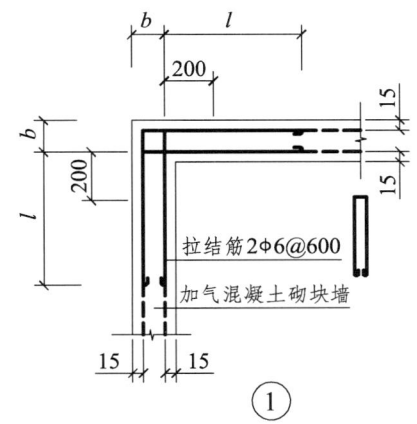

图 3-21 墙体转角、交接处预留拉结钢筋

5)单片面积较大的填充墙施工问题

大空间的框架结构填充墙,应在墙体中根据墙体长度、高度需要设置构造柱和水平现浇混凝土带,以提高砌体的稳定性。当大面积的墙体有洞口时,在洞口处应设置混凝土现浇带并沿洞口两侧设置混凝土边框。施工中注意预埋构造柱钢筋的位置应正确。具体情况如下:

(1)墙长小于等与两倍墙高,且墙高小于等于 4 m,沿框架柱每隔 600 mm 间距预留拉结筋即可。

（2）墙长大于两倍墙高，但墙高小于等于 4 m，可在墙中加设构造柱。

（3）墙高大于 4 m 但墙长小于等与两倍墙高，沿墙高之间设置现浇带。

（4）墙高大于 4 m 且墙长大于两倍墙高，既设构造柱也设现浇带。

拉结筋伸入墙长度 l：非抗震为 700 mm，6、7 度设防为墙长的 1/5 且不小于 700 mm，8、9 度沿墙全长贯通；混凝土现浇带宽同墙厚，高 120 mm，配 4Φ8 钢筋，箍筋为 Φ6@200 mm，锚入框架柱 280 mm；构造柱截面长度 200 mm，配 4Φ10 钢筋，箍筋为 Φ6@200 mm，锚入下部梁中 380 mm。

由于不同的块料填充墙做法各异，因此要求也不尽相同，实际施工时应参照相应设计要求及施工质量验收规范和各地颁布实施的标准图集、施工工艺标准等。

2. 加气混凝土小型砌块填充墙施工

1）工艺流程

弹出墙身及门窗洞口位置墨线→预留拉结筋→楼面找平→选砌块、摆砌块→撂底→砌一步架墙→砌二步架墙（砌筑过程中留槎、下拉结网片、安装混凝土过梁）→勾缝或斜砖砌筑与框架顶紧→检查验收。

2）施工工艺要点

（1）严格控制好加气混凝土砌块上墙砌筑时的含水率，控制在 10%～15%比较适宜，即砌块含水深度以表层 8～10 mm 为宜，可通过刀刮或敲上个小边观察规律，按经验判定。通常情况下在砌筑前 24 h 浇水，浇水量应根据施工当时的季节和干湿温度情况决定，由表面湿润度控制。禁止直接使用饱含雨水或浇水过量的砌块。

（2）砌筑前应弹好墙身墨线、地墨线、转角留位留洞指示墨线等，注意墙身墨线一定要到楼板或梁底，地面墨线要正角对准。将砌筑墙部位的楼地面，剔除高出底面的凝结灰浆，并清扫干净。砌筑前应将预砌墙与原结构相接处，洒水湿润以保砌体粘结，但注意地面不能有积水。

（3）为减少施工现场切割砌块工作，砌筑墙体前必须进行排块设计。由于不同干密度和强度等级的加气混凝土砌块的性能指标不同，所以不同干密度和强度等级的加气混凝土砌块不应混砌，加气混凝土砌块也不应与其他砖、砌块混砌。

排块设计主要根据砌筑时应上下错缝，搭结长度不宜小于砌块长度的 1/3，且不应小于 150 mm，水平灰缝厚度及竖向灰缝宽度分别宜为 15 mm 和 20 mm。最下一层砌块的灰缝大于 20 mm 时，应用细石混凝土找平铺砌。砌好的砌体不能撬动、碰撞、松动，否则应重新砌筑。

（4）砌筑时灰缝要做到横平竖直，上下层十字错缝，转角处应相互咬槎，砂浆要饱满，水平灰缝不大于 15 mm，垂直灰缝不大于 20 mm，砂浆饱满度要求在 80%以上，垂直缝宜用内外临时夹板灌缝，砌筑后应立即用原砂浆内外勾灰缝，以保证砂浆的饱满度。墙体的施工缝处必须砌成斜槎，斜槎长度应不小于高度的 2/3。

（5）在墙面上凿槽敷管时，应使用专用工具，不得用斧或瓦刀任意砍凿，管道表面应低于墙面 4~5 mm，并将管道与墙体卡牢，不得有松动、反弹现象，然后浇水湿润，填嵌强度等同砌筑所用的砂浆，与墙面补平，并沿管道敷设方向铺 10 mm×10 mm 钢丝网，其宽度应跨过槽口，每边不小于 50 mm，绷紧钉牢。

（6）墙体砌筑后，做好防雨遮盖，避免雨水直接冲淋墙面；外墙向阳面的墙体，也要做好遮阳处理，避免高温引起砂浆中水分挥发过快，必要时应适当用喷雾器喷水养护。每日砌筑高度控制在 1.4 m 以内，春季施工每日砌筑高度控制在 1.2 m 以内，下雨天停止砌筑。因砌体自重较轻，容易造成与砂浆的胶结不充分而产生裂缝，故在停砌时，最高一皮砌块用一皮浮砖压顶。

3．填充墙质量要求

1）一般规定

（1）蒸压加气混凝土砌块、轻骨料混凝土小型空心砌块砌筑时，其产品龄期应超过 28 d。

（2）空心砖、蒸压加气混凝土砌块、轻骨料混凝土小型空心砌块等的运输、装卸过程中，严禁抛掷和倾倒。进场后应按品种、规格分别堆放整齐，堆置高度不宜超过 2 m。加气混凝土砌块应防止雨淋。

（3）填充墙砌体砌筑前块材应提前 2 d 浇水湿润。蒸压加气混凝土砌块砌筑时，应向砌筑面适量浇水。

（4）用轻骨料混凝土小型空心砌块或蒸压加气混凝土砌块砌筑墙体时，墙底部应砌烧结普通砖或多孔砖，或普通混凝土小型空心砌块，或现浇混凝土坎台等，其高度不宜小于 200 mm。

2）主控项目

砖、砌块和砌筑砂浆的强度等级应符合设计要求。

3）一般项目

（1）填充墙砌体一般尺寸的允许偏差应符合表 3-2 的规定。

表 3-2 填充墙砌体一般尺寸允许偏差

项次	项目		允许偏差/mm	检验方法
1	轴线位移		10	用尺检查
	垂直度	小于或等于 3 m	5	用 2 m 托线板或吊线、尺检查
		大于 3 m	10	
2	表面平整度		8	用 2 m 靠尺和楔形塞尺检查
3	门窗洞口高、宽（后塞口）		±5	用尺检查
4	外墙上、下窗口偏移		20	用经纬仪或吊线检查

（2）蒸压加气混凝土砌块砌体和轻骨料混凝土小型空心砌块砌体不应与其他块材混砌。

（3）填充墙砌体的砂浆饱满度及检验方法应符合表3-3的规定。

表 3-3　填充墙砌体的砂浆饱满度及检验方法

砌体分类	灰缝	饱满度及要求	检验方法
空心砖砌体	水平	≥80%	采用百格网检查块材底面砂浆的粘结痕迹面积
空心砖砌体	垂直	填满砂浆，不得有透明缝、瞎缝、假缝	采用百格网检查块材底面砂浆的粘结痕迹面积
加气混凝土砌块和轻骨料	水平	≥80%	采用百格网检查块材底面砂浆的粘结痕迹面积
加气混凝土砌块和轻骨料	垂直	≥80%	采用百格网检查块材底面砂浆的粘结痕迹面积

（4）填充墙砌体留置的拉结钢筋或网片的位置应与块体皮数相符合。拉结钢筋或网片应置于灰缝中，埋置长度应符合设计要求，竖向位置偏差不应超过一皮高度。

（5）填充墙砌筑时应错缝搭砌，蒸压加气混凝土砌块搭砌长度不应小于砌块长度的1/3；轻骨料混凝土小型空心砌块搭砌长度不应小于90 mm；竖向通缝不应大于2皮。

（6）填充墙砌体的灰缝厚度和宽度应正确。空心砖、轻骨料混凝土小型空心砌块的砌体灰缝应为 8～12 mm。蒸压加气混凝土砌块砌体的水平灰缝厚度及竖向灰缝宽度分别宜为 15 mm 和 20 mm。

（7）填充墙砌至接近梁、板底时，应留一定空隙，待填充墙砌完并应至少间隔 7 d 后，再将其补砌挤紧。

第二部分

钢筋混凝土结构主体分部施工

单元 4 钢筋工程施工

项目 1 钢筋工程施工准备

任务 1 钢筋进场验收

1. 钢筋的分类

混凝土结构用的普通钢筋,可分为两类:热轧钢筋和冷加工钢筋(冷轧带肋钢筋、冷轧扭钢筋等),见图 4-1。冷拉钢筋与冷拔低碳钢丝已逐渐淘汰。余热处理钢筋属于热轧钢筋一类。

热轧钢筋的强度等级由原来的Ⅰ级、Ⅱ级、Ⅲ级和Ⅳ级更改为按照屈服强度(MPa)分为 235 级、335 级、400 级、500 级。

《混凝土结构设计规范》(GB50010—2002)第 4.2.1 条规定:普通钢筋宜采用热轧带肋钢筋 HRB400 级和 HRB335 级,也可采用热轧光圆钢筋 HPB235 级和余热处理钢筋 RRB400 级;并在条文说明中提倡用 HRB400 级(即新Ⅲ级)钢筋作为我国钢筋混凝土结构的主力钢筋。该设计规范尚未列入 HRB500 级钢筋。冷轧带肋钢筋和冷轧扭钢筋已有专门规程《冷轧带肋钢筋混凝土结构技术规程》(JGJ95—2011)和《冷轧扭钢筋混凝土构件技术规程》(JGJ115—2006)可供参考,混凝土结构用的普通钢筋力学性能见表 4-1、4-2、4-3、4-4。

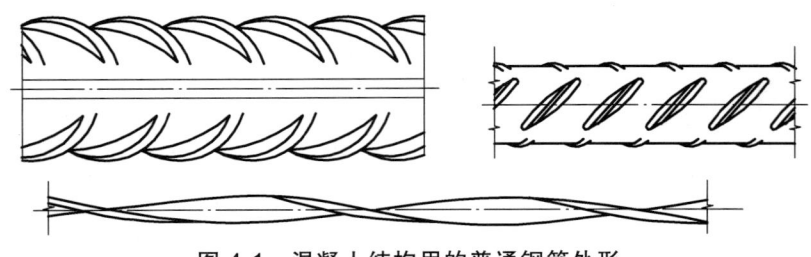

图 4-1 混凝土结构用的普通钢筋外形

表 4-1 热轧钢筋的力学性能

表面形状	强度等级代号	公称直径 d/mm	屈服点 σ_s/MPa	抗拉强度 σ_b/MPa	伸长率 δ_5/%	冷弯 弯曲角度	冷弯 弯心直径	符号
			不小于					
光圆	HPB235	8~20	235	370	25	180°	d	Φ
月牙肋	HRB335	6~25 28~50	335	490	16	180° 180°	$3d$ $4d$	Φ
月牙肋	HRB400	6~25 28~50	400	570	14	180° 180°	$4d$ $5d$	Φ
月牙肋	HRB500	6~25 28~50	500	630	12	180° 180°	$6d$ $7d$	

注：HRB500级钢筋尚未列入《混凝土结构设计规范》（GB 50010—2002）。

表 4-2 热处理钢筋的力学性能

表面形状	强度等级代号	公称直径 d/mm	屈服点 σ_s/MPa	抗拉强度 σ_b/MPa	伸长率 δ_s/%	冷弯 弯曲角度	冷弯 弯心直径	符号
月牙肋	RRB400	8~25 28~40	440	600	14	90° 90°	$3d$ $4d$	Φ^R

表 4-3 冷轧带肋钢筋的力学性能

级别代号	屈服强度 $\sigma_{0.2}$/MPa 不小于	抗拉强度 σ_b/MPa 不小于	伸长率不小于/% δ_{10}	伸长率不小于/% δ_{100}	冷弯180°，D为弯心直径，d为钢筋公称直径	应力松弛 $\sigma_{kn}=0.7\sigma_b$ 1000 h 不大于/%	应力松弛 $\sigma_{kn}=0.7\sigma_b$ 10 h 不大于/%
LL550	500	550	8	—	$D=3d$	—	—
LL650	520	650	—	4	$D=4d$	8	5
LL800	640	800	—	4	$D=5d$	8	5

表 4-4 冷轧扭钢筋的力学性能

标志直径 d/mm	抗拉强度 σ_b/MPa	伸长率 δ_{10}/%	冷弯 弯曲角度	冷弯 弯心直径	符号
	不小于				
6.5~14.0	580	4.5	180	$3d$	Φ^t

2．钢筋验收

钢筋质量必须合格，应先试验后使用。钢筋质量检验包括：检查产品合格证（如为复印件，应注明原件存放单位并有存放单位的盖章和经手人签名）、出厂检验报告；外观检查，钢筋应平直、无损伤，表面不得有裂纹、油污、颗粒状或片状老锈；按炉（批）号及直径见证取样送检，包括拉力实验（屈服强度、抗拉强度、伸长率）和冷弯试验，当发现钢筋脆断、焊接性能不良或力学性能显著不正常等现象时，应对该批钢筋进行化学成分检验（碳、硫、磷、锰、硅）或其他专项检验。如有一项不符合钢筋的技术要求，则应取双倍试件（样）进行复试，再有一项不合格，则该验收批钢筋判为不合格。

1）热轧钢筋（余热处理钢筋）检验

每批由同一牌号、同一炉罐号、同一规格的钢筋组成，质量不大于 60 t。

（1）外观检查。

从每批钢筋中抽取 5%进行外观检查。钢筋表面不得有裂纹、结疤和折叠。钢筋表面允许有凸块，但不得超过横肋的高度，钢筋表面上其他缺陷的深度和高度不得大于所在部位尺寸的允许偏差。

钢筋可按实际质量或公称质量交货。当钢筋按实际质量交货时，应随机抽取 10 根（6 m 长）钢筋称重，如质量偏差大于允许偏差，则应与生产厂交涉，以免损害用户利益。

（2）力学性能试验。

从每批钢筋中任选两根钢筋，每根取两个试件分别进行拉伸试验和冷弯试验。

取样长度：冷拉试件长度一般取 500 mm。冷弯试件长度：$L = 1.55 \times$（钢筋直径 + 弯心直径）+ 140 mm，弯心直径取值见表 4-5。在切取试样时，应将钢筋端头的 500 mm 去掉后再切取。

表 4-5　弯心直径取值

钢筋牌号（强度等级）	Ⅰ级	HRB335		HRB400		HRB500	
公称直径/mm	8~20	6~25	28~50	6~25	28~50	6~25	28~50
弯心直径	1d	3d	4d	4d	5d	6d	7d

对一、二级抗震等级，检验所得的强度实测值应符合下列规定：① 钢筋的抗拉实测值与屈服强度实测值的比值不应大于 1.25；② 钢筋的屈服强度实测值与强度标准值的比值不应大于1.3。

2）冷轧带肋钢筋检验

每批由同一钢号、同一规格和同一级别的钢筋组成，质量不大于 50 t。

（1）每批抽取 5%（但不少于 5 盘或 5 捆）进行外形尺寸、表面质量和质量偏差的检查，检查结果应符规范要求，如其中有一盘（捆）不合格，则应对该批钢筋逐盘或逐捆检查。

（2）钢筋的力学性能应逐盘、逐捆进行检验。从每盘或每捆取 2 个试件，一个作拉伸试验，一个作冷弯试验，拉件取样长度 500 mm，弯件取样长度 250 mm。

3）冷轧扭钢筋检验

每批由同一钢厂、同一牌号、同一规格的钢筋组成，质量不大于 10 t。当连续检验 10 批均为合格时检验批质量可扩大 1 倍。

（1）外观检查。

从每批钢筋中抽取 5%进行外形尺寸、表面质量和质量偏差的检查。钢筋表面不应有影响钢筋力学性能的裂纹、折叠、结疤、压痕、机械损伤或其他影响使用的缺陷。钢筋的压扁厚度和节距、质量等应符合规定要求。当质量负偏差大于 5%时，该批钢筋判定为不合格。当仅轧扁厚度小于或节距大于规定值，仍可判为合格，但需降直径规格使用，例如公称直径为 $\Phi^t 14$ 降为 $\Phi^t 12$。

（2）力学性能试验。

从每批钢筋中随机抽取 3 根钢筋，各取 1 个试件。其中，2 个试件作拉伸试验，1 个试件作冷弯试验。试件长度宜取偶数倍节距，且不应小于 4 倍节距，同时不小于 500 mm。

任务 2　钢筋连接

由于受钢筋定尺寸长度的影响，或出于钢筋下料经济性的考虑，钢筋之间需采取焊接连接、机械连接和绑扎连接等方式进行连接。纵向受力钢筋连接的基本要求是其连接方式应符合设计要求，这是保证受力钢筋应力传递及结构构件的受力性能所必需的。钢筋的接头宜设置在受力较小处。同一纵向受力钢筋不宜设置 2 个或 2 个以上接头。接头末端至钢筋弯起点的距离不应小于钢筋直径的 10 倍。

1. 钢筋焊接

目前常用的钢筋焊接方式有闪光对焊、电弧焊、电渣压力焊和气压焊，钢筋焊接必须符合《钢筋焊接及验收规程（JGJ 18—2012）》有关规定要求。

一般规定：

（1）凡施焊的各种钢筋、钢板均应有质量证明书；焊条、焊剂应有产品合格证；必须选用与焊接方式对应的焊条、焊剂。

（2）焊工必须持证上岗；应进行现场条件下的焊接工艺试验，并经试验合格后，方可正式生产。

（3）钢筋焊接施工之前，应清除钢筋、钢板焊接部位以及钢筋与电极接触处表面上的锈斑、油污、杂物等；钢筋端部当有弯折、扭曲时，应予以矫直或切除。

（4）注意焊条的防潮和烘焙及低温、雨雪、大风天气的施工应符合规范要求。

（5）纵向受力钢筋焊接接头质量检查的主控项目包括连接方式检查和接头的力学性能检验，接头连接方式应符合设计要求，并应全数检查，检验方法为观察。接头试件进行力学性能检验时，其质量和检查数量应符合规定；检验方法包括：检查钢筋出厂质量证明书、钢筋进场复验报告、各项焊接材料产品合格证、接头试件力学性能试验报告等。焊接接头的外观质量检查规定为一般项目，外观检查的抽检数量为每一检验批中随机抽取 10% 的焊接接头。

（6）钢筋闪光对焊接头、电弧焊接头、电渣压力焊接头、气压焊接头拉伸试验结果均应符合下列要求：

① 3 个热轧钢筋接头试件的抗拉强度均不得小于该牌号钢筋规定的抗拉强度；RRB400 钢筋接头试件的抗拉强度均不得小于 570 N/mm^2。

② 至少应有 2 个试件断于焊缝之外，并应呈延性断裂。当达到上述 2 项要求时，应评定该批接头为抗拉强度合格。

当试验结果有 2 个试件抗拉强度小于钢筋规定的抗拉强度，或 3 个试件均在焊缝或热影响区发生脆性断裂时，则一次判定该批接头为不合格品。

当试验结果有 1 个试件的抗拉强度小于规定值，或 2 个试件在焊缝或热影响区发生脆性断裂，其抗拉强度均小于钢筋规定抗拉强度的 1.10 倍时，应进行复验。

复验时，应再切取 6 个试作。复验结果，当仍有 1 个试件的抗拉强度小于规定值，或有

3个试件断于焊缝或热影响区呈脆性断裂，其抗拉强度小于钢筋规定抗拉强度的1.10倍时，应判定该批接头为不合格品。

（7）闪光对焊接头、气压焊接头进行弯曲试验时，应将受压面的全面毛刺和镦粗凸起部分消除，且应与钢筋的外表齐平。当试验结果，弯至90°，有2个或3个试件外侧（含焊缝和热影响区）未发生破裂，应评定该批接头弯曲试验合格。当3个试件均发生破裂，则一次判定该批接头为不合格品。有2个试件发生破裂，应进行复验。复验时，应再切取6个试伴。复验结果，当有3个试件发生破裂时，应判定该接头为不合格品。

1）闪光对焊

将两钢筋安放成对接形式，利用电阻热使接触点金属熔化，产生强烈飞溅，形成闪光，迅速施加顶锻力完成的一种压焊方法。闪光对焊适用于在钢筋加工车间对各种钢筋的焊接接长，但不能在施工现场进行。

闪光对焊接头的质量检验，应分批进行外观检查和力学性能检验，并应按下列规定作为一个检验批。

（1）在同一台班内，由同一焊工完成的300个同牌号、同直径钢筋焊接接头应作为一批。当同一台班内焊接的接头数量较少，可在一周之内累计计算；累计仍不足300个接头时，应按一批计算。

（2）力学性能检验时，应从每批接头中随机切取6个接头，其中3个做拉伸试验，试件长度取 $8d+240\ mm$；3个做弯曲试验，试件长度取 $2.5d+$ 弯心直径 $+150\ mm$，弯心直径取值见表4-4。

闪光对焊接头外观检查结果，应符合下列要求：

（1）接头处不得有横向裂纹。
（2）与电极接触处的钢筋表面不得有明显烧伤。
（3）接头处的弯折角不得大于3°。
（4）接头处的轴线偏移不得大于钢筋直径的0.1倍，且不得大于2 mm。

2）电弧焊

以焊条作为一极，钢筋为另一极，利用焊接电流通过产生的电弧热进行焊接的一种熔焊方法。钢筋电弧焊包括帮条焊、搭接焊、坡口焊和熔槽帮条焊等接头形式。

电弧焊设备主要采用交流弧焊机，采用的焊条应避免受潮，使用时需要进行烘焙，如表4-6所示。

表4-6 钢筋电弧焊焊条型号

钢筋级别	电弧焊接头形式		
	帮条焊 搭接焊	坡口焊 熔槽帮条焊 预埋件穿孔塞焊	钢筋与钢板搭接焊 预埋件T形角焊
HPB300	E4303	E4303	E4303
HRB335	E4303	E4303	E4303
HRB400	E5003	E5503	—
RRB400	E5003	E5503	—

需要在工地现场进行焊接时，常用搭接焊，必须满足：

（1）搭接长度：HPB300级——单面焊≥8d、双面焊≥4d；其他级——单面焊≥10d、双面焊≥5d。

（2）焊缝尺寸：宽度≥0.8d；高度≥0.3d。

在现浇混凝土结构中，应以300个同牌号钢筋、同型式接头作为一批；在房屋结构中，应在不超过二楼层中300个同牌号钢筋、同型式接头作为一批。每批随机切取3个接头，做拉伸试验，试件长度双面焊为8d+搭接长度+240 mm；单面焊为5d+搭接长度+240 mm。

电弧焊接头外观检查结果，应符合下列要求：

（1）焊缝表面应平整，不得有凹陷或焊瘤。

（2）焊接接头区域不得有肉眼可见的裂纹。

（3）咬边深度、气孔、夹渣等缺陷允许值及接头尺寸的允许偏差应符合规范规定。

3）电渣压力焊

将两钢筋安放成竖向对接形式，利用焊接电流通过两钢筋端面间隙，在焊剂层下形成电弧过程和电渣过程，产生电弧热和电阻热，熔化钢筋，加压完成的一种压焊方法。这种焊接方法比电弧焊节省钢材、工效高、成本低。电渣压力焊适用于柱、墙、构筑物等现浇混凝土结构中竖向受力钢筋的连接，其两直径之差不宜超过2级（25与20或18与14），直径相差过大受力时会出现应力集中现象；不得在竖向焊接后横置于梁、板等构件中作水平钢筋用。

在现浇钢筋混凝土结构中，应以300个同牌号钢筋接头作为一批；在房屋结构中，应在不超过二楼层中300个同牌号钢筋接头作为一批；当不足300个接头时，仍应作为一批。每批随机切取3个接头做拉伸试验，试件长度取8d+240 mm。

电渣压力焊接头外观检查结果，应符合下列要求：

（1）四周焊包凸出钢筋表面的高度不得小于4 mm。

（2）钢筋与电极接触处，应无烧伤缺陷。

（3）接头处的弯折角不得大于3°。

（4）接头处的轴线偏移不得大于钢筋直径的0.1倍，且不得大于2 mm。

4）气压焊

钢筋气压焊是采用氧乙炔火焰或其他火焰对两钢筋对接处加热，使其达到塑性状态（固态）或熔化状态（熔态）后，加压完成的一种压焊方法。由于加热和加压使接合面附近金属受到镦锻式压延，被焊金属产生强烈的塑性变形，促使两接合面接近到原子间的距离，进入原子作用的范围内，实现原子间的互相嵌入扩散及键合，并在热变形过程中，完成晶粒重新组合的再结晶过程而获得牢固的接头。

钢筋气压焊工艺具有设备简单、操作方便、质量好、成本低等优点，但对焊工要求严，焊前对钢筋端面处理要求高。被焊两钢筋直径之差不得大于7 mm。

气压焊接头应逐个进行外观检查。当进行力学性能试验时，应从每批300个接头中随机切取3个接头做拉伸试验；在梁、板的水平钢筋连接中，应另切取3个接头做弯曲试验。

气压焊接头外观检查结果应符合下列要求：

（1）偏心量。不得大于钢筋直径的 0.15 倍，且不得大于 4 mm[图 4-2（a）]。当不同直径钢筋焊接时，应按较小钢筋直径计算。当大于上述规定值，但在钢筋直径的 0.30 倍以下时，可加热矫正；当大于 0.30 倍时，应切除重焊。

（2）接头处的弯折角不得大于 3°；当大于规定值时，应重新加热矫正。

（3）镦粗直径 d_c 不得小于钢筋直径的 1.4 倍[图 4-2（b）]。当小于此规定值时，应重新加热镦粗。

（4）镦粗长度 l_c 不得小于钢筋直径的 1.2 倍，且凸起部分平缓圆滑[图 4-2（c）]。当小于此规定值时，应重新加热镦长。

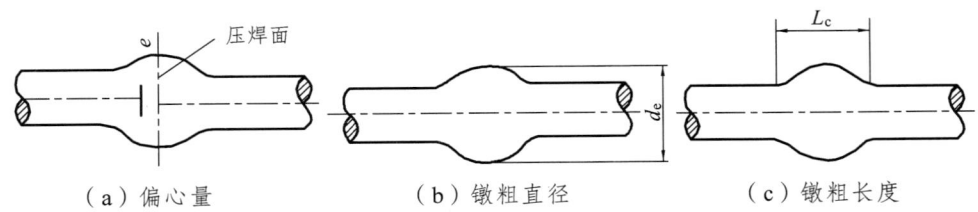

（a）偏心量　　　　（b）镦粗直径　　　　（c）镦粗长度

图 4-2　钢筋气压焊接头外观质量图解

（5）钢筋压焊区表面不得有横向裂纹或严重烧伤。

5）钢筋焊接常见的质量通病

（1）焊工无证上岗，钢筋及接头未送检；焊条、焊剂不合要求。

（2）闪光对焊：焊口未焊透（焊口局部区域未能相互结晶，焊合不良，接头镦粗变形量很小，挤出的金属毛刺极不均匀），过热（焊口局部区域为氧化膜所覆盖，呈光滑面状态；或焊口四周或大片区域遭受强烈氧化，失去金属光泽，呈发黑状态）；烧伤（钢筋与电极接触处在焊接时产生的熔化状态）；弯折、偏移（超过规范要求）。

（3）电弧焊：尺寸偏差（搭接长度不足；焊缝宽高偏差）；焊缝成形不良（焊缝表面凹凸不平，宽窄不匀）；焊瘤（正常焊缝之外多余的焊着金属）；咬边（焊缝与钢筋交界处烧成缺口没有得到熔化金属的补充）；未焊透（焊缝金属与钢筋之间有局部未熔合）；夹渣（焊缝金属中存在块状或弥散状非金属夹渣物）；气孔（焊接熔池中的气体来不及逸出而停留在焊缝中所形成的孔眼，大半呈球状）；裂纹。

（4）电渣压力焊：偏心、弯折（超过规范要求）；未熔合（上下钢筋在接合面处没有很好地熔合在一起）；焊包不匀（一是被挤出的熔化金属形成的焊包很不均匀，大的一面熔化金属很多，小的一面其高度不足 2 mm；或钢筋端面形成的焊缝厚薄不匀）；表面烧伤（钢筋夹持处产生许多烧伤斑点或小弧坑）；气孔（在焊包外部或焊缝内部由于气体的作用形成小孔眼）；夹渣（焊缝中有非金属夹渣物）；成形不良（焊包上翻或焊包下流）。

（5）气压焊：接头成形不良（焊接头镦粗区的最大直径小于 1.4d，变形长度小于 1.2d；焊接头镦粗区出现帽檐状）；接头偏心和倾斜（焊接头两端轴线偏移大于 0.15d，或超过 4 mm；接头弯折角度大于 3°）；偏凸、压焊面偏移（焊接镦粗头不均匀，一侧膨鼓过大，另一侧没有膨鼓；镦粗区最大直径处与压焊面偏移量大于 0.2d）；过烧、纵向裂纹（钢筋压焊区表面有严重过烧现象，形状类似"铁渣"；镦粗区表面局部纵向裂纹宽度大于 3 mm）；平破面、未焊合（焊接接头受力后从压焊面破断，断面呈平口，没有焊合现象）。

6）连接接头错开规定

当受力钢筋采用焊接接头时，设置在同一构件内的接头宜相互错开。纵向受力钢筋焊接接头连接区段的长度为 $35d$（d 为纵向受力钢筋的较大直径）且不小于 500 mm，凡接头中点位于该连接区段长度内的接头均属于同一连接区段。同一连接区段内，纵向受力钢筋焊接的接头面积百分率为该区段内有接头的纵向受力钢筋截面面积与全部纵向受力钢筋截面面积的比值。同一连接区段内，纵向受力钢筋的接头面积百分率应符合设计要求；当设计无具体要求时，应符合下列规定：

（1）在受拉区不宜大于 50%。

（2）接头不宜设置在有抗震设防要求的框架梁端、柱端的箍筋加密区；当无法避开时，对等强度高质量机械连接接头，不应大于 50%。

（3）直接承受动力荷载的结构构件中，不宜采用焊接接头；当采用机械连接接头时，不应大于 50%。

2．机械连接

钢筋机械连接是指通过连接件的机械咬合作用或钢筋端面的承压作用，将一根钢筋中的力传递至另一根钢筋的连接方法。机械连接具有以下优点：接头质量稳定可靠，不受钢筋化学成分的影响，人为因素的影响也小；操作简便，施工速度快，且不受气候条件影响；无污染、无火灾隐患，施工安全等。常见的有锥螺纹、冷挤压、镦粗直螺纹、滚轧直螺纹等。直螺纹连接不存在扭紧力矩对接头性能的影响，从而提高了连接的可靠性，也加快了施工速度。直螺纹接头比套筒挤压接头省钢 70%，比锥螺纹接头省钢 35%，技术经济效果显著。本节主要介绍直螺纹连接的施工要点。

1）一般规定

（1）根据抗拉强度以及高应力和大变形条件下反复拉压性能的差异，接头分为下列三个等级：

Ⅰ级：接头抗拉强度不小于被连接钢筋实际抗拉强度或 1.10 倍钢筋抗拉强度标准值，并具有高延性及反复拉压性能。

Ⅱ级：接头抗拉强度不小于被连接钢筋抗拉强度标准值，并具有高延性及反复拉压性能。

Ⅲ级：接头抗拉强度不小于被连接钢筋屈服强度标准值的 1.35 倍，并具有一定的延性及反复拉压性能。

（2）钢筋连接件的混凝土保护层厚度不得小于 15 mm，连接件之间的横向净距不宜小于 25 mm。

（3）结构构件中纵向受力钢筋的接头宜相互错开，钢筋机械连接的连接区段长度应按 $35d$ 计算（d 为被连接钢筋中的较大直径）。在同一连接区段内有接头的受力钢筋截面面积占受力钢筋总截面面积的百分率（以下简称接头百分率），应符合下列规定：

① 接头宜设置在结构构件受拉钢筋应力较小部位，当需要在高应力部位设置接头时，在同一连接区段内Ⅲ级接头的接头百分率不应大于25%；Ⅱ级接头的接头百分率不应大于50%；Ⅰ级接头的接头百分率可不受限制。

② 接头宜避开有抗震设防要求的框架的梁端、柱端箍筋加密区；当无法避开时，应采用Ⅰ级接头或Ⅱ级接头，且接头百分率不应大于50%。

③ 受拉钢筋应力较小部位或纵向受压钢筋，接头百分率可不受限制。

④ 对直接承受动力荷载的结构构件，接头百分率不应大于50%。

2）剥肋滚轧直螺纹钢筋连接

将待连接钢筋端部的纵肋和横肋用切削的方法剥去一部分，然后滚轧成普通直螺纹，最后直接用特制的直螺纹套筒进行螺接，从而完成钢筋连接的工艺过程。该技术的优点在于无虚拟螺纹，力学性能好，连接安全可靠，达到与钢筋母材等强。适用规程《钢筋机械连接通用技术规程（JGJ 107—2010）》《滚轧直螺纹钢筋连接接头（JGJ163—2004）》。套筒分类见表4-7。

表4-7 接头按套筒的基本使用条件分类

序号	使用要求	套筒形式	代号
1	正常情况下钢筋连接	标准型	省略
2	用于两端钢筋均不能转动的场合	正反丝扣型	F
3	用于不同直径的钢筋连接	异径型	Y
4	用于较难对中的钢筋连接	扩口型	K
5	钢筋完全不能转动，通过转动连接套筒连接钢筋，用锁母锁紧套筒	加锁母型	S

工艺流程：钢筋端面平头→剥肋滚压螺纹→丝头质量检验→利用套筒连接→接头检验。

操作要点：

（1）钢筋丝头加工：分为钢筋切削剥肋和滚轧螺纹两个工序，同一台设备上一次完成。

① 钢筋下料时不宜用热加工方法切断。

② 钢筋端面宜平整并与钢筋轴线垂直。

③ 不得有马蹄形或扭曲；钢筋端部不得有弯曲；出现弯曲时应调直。

丝头中径、牙型角及丝头有效螺纹长度应符合设计规定；丝头有效螺纹中径的圆柱度（每个螺纹的中径）误差不得超过0.20mm。标准型接头丝头有效螺纹长度应不小于1/2连接套筒长度，其他连接形式应符合产品设计要求。丝头加工完毕经检验合格后，应立即带上丝头保护帽或拧上连接套筒，防止装卸钢筋时损坏丝头。

（2）根据待接钢筋所在部位及转动难易情况，选用不同的套筒类型，采取不同的安装方法，见图4-3。

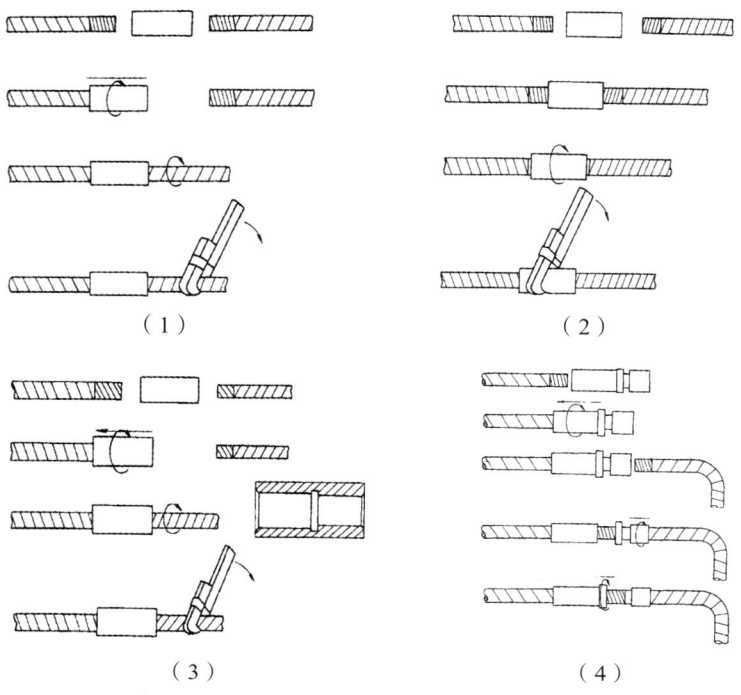

图 4-3 不同套筒安装方法示意图

（1）标准型接头安装图；　（2）正反丝扣型接头安装
（3）变径型接头安装图；　（4）加锁母型接头安装

（3）使用扳手或管钳对钢筋接头拧紧时，只要达到力矩扳手调定的力矩值即可，钢筋接头拧紧后应用力矩扳手按不小于表4-8中的拧紧力矩值检查，并加以标记。

表 4-8　滚轧直螺纹钢筋接头拧紧力矩值

钢筋直径/mm	≤16	18~20	22~25	28~32	36~40
拧紧力矩值/（N·m）	80	160	230	300	360

注：当不同直径的钢筋连接时，拧紧力矩值按较小直径钢筋的相应值取用。

（4）直螺纹接头试验：

① 同一施工条件下，采用同一批材料的同等级、同形式、同规格接头，以500个为一验收批进行检验和验收，不足500个也为一验收批。每一批取3个试件作单向拉伸试验。试件取样长度

$L = $ 接头试件连接长度 $+ 8 \times$ 钢筋直径 $+ 2 \times$ 试验机夹具长度

（$d < 20$ mm，取70 mm；$d \geq 20$ mm，取100 mm）

② 当3个试件抗拉强度均不小于该级别钢筋抗拉强度的标准值时，该验收批定为合格。如有一个试件的抗拉强度不符合要求，应取6个试件进行复检。

3）剥肋滚轧直螺纹连接质量通病

钢筋原材料缺陷（钢筋端面不垂直于钢筋轴线，端头出现挠曲或马蹄形）；套筒缺陷（长

度及外径尺寸不符合设计要求；止端量规通过螺纹小径；止端螺纹塞规旋入量超过3倍螺距；通端螺纹塞规不能顺利旋入连接套筒两端并达到旋入长度）；接头露丝（拼装完毕后，有一扣以上完整丝扣外露）。

3. 绑扎连接

考虑到连接的经济性，绑扎连接主要适用于小直径的钢筋连接。关于绑扎连接的具体规定如下：

（1）钢筋绑扎接头宜设置在受力较小处。同一纵向受力钢筋不宜设置两个或两个以上接头。接头末端至钢筋弯起点的距离不应小于钢筋直径的10倍。

（2）同一构件中相邻纵向受力钢筋的绑扎搭接接头宜相互错开。绑扎搭接接头中钢筋的横向净距不应小于钢筋直径，且不应小于25 mm。钢筋绑扎搭接接头连接区段的长度为$1.3l_1$（l_1为搭接长度），凡搭接接头中点位于该连接区段长度内的搭接接头均属于同一连接区段。同一连接区段内，纵向钢筋搭接接头面积百分率为该区段内有搭接接头的纵向受力钢筋截面面积与全部纵向受力钢筋截面面积的比值。（见图4-4）

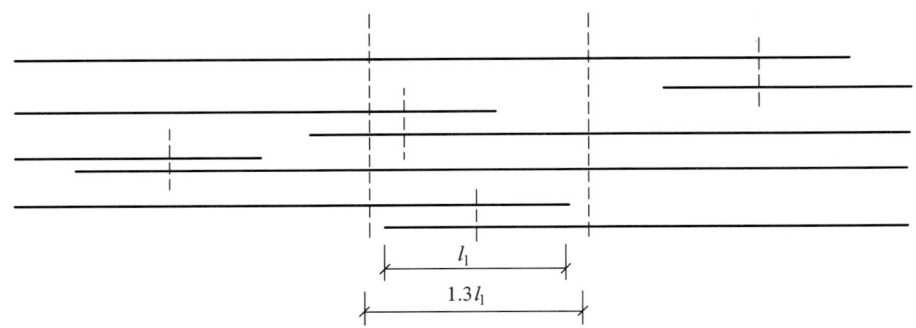

图4-4 钢筋绑扎接头连接区段及接头面积百分率

注：1. 图中所示搭接接头同一连接区段内的搭接钢筋为两根，当各钢筋直径相同时，接头百分率为50%。
2. 本图适用于非抗震设防下钢筋绑扎接头错开长度，抗震设防下钢筋绑扎接头错开长度为$1.3l_{lE}$。

同一连接区段内，纵向受拉钢筋搭接接头面积百分率应符合设计要求；当设计无具体要求时，应符合下列规定：

① 对梁类、板类及墙类构件，不宜大于25%；② 对柱类构件，不宜大于50%；③ 当工程中确有必要增大接头面积百分率时，对梁类构件，不应大于50%；对其他构件，可根据实际情况放宽。

钢筋连接时具体采用何种连接方式，需要综合考虑连接质量、施工方便和经济效益。一般小直径钢筋（一般小于18 mm）采用绑扎连接较为经济，焊接连接由于受焊工水平、气候、工地电量等因素限制，已经较少使用，一般柱钢筋可采用电渣压力焊，在现场施工不方便进行机械连接的地方采用搭接焊，或在机械连接现场取样时补连接位置的时采用。一般大直径（大于22 mm）钢筋均采用直螺纹连接。

项目2 钢筋下料计算

任务1 基本概念

钢筋弯曲时的现象：钢筋在弯曲过程中，内皮缩短，外皮伸长，中心线不变，弯曲处变成圆弧。

1．图示长度（外包长度、量度尺寸）

即从图纸上看到的钢筋尺寸，相当于钢筋加工好后去量度的尺寸，也是钢筋的外包尺寸。见图 4-5。

2．下料长度（中心线长度）

根据钢筋弯曲时的现象，要把钢筋加工成图示形状，计算出的钢筋的直线长度。注意：钢筋如果不发生弯曲，图示尺寸与下料长度是相等的。

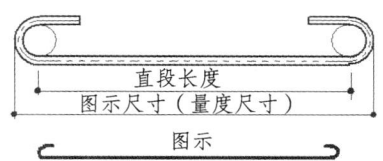

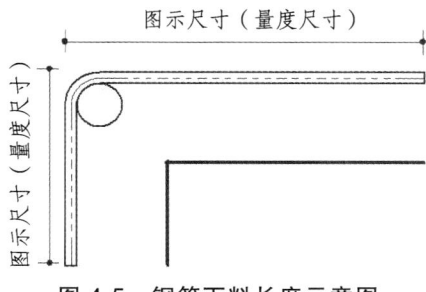

图 4-5 钢筋下料长度示意图

3．弯曲调整值（量度差值）

钢筋发生弯曲，量度尺寸和中心线长度的差值。

1）弯曲 90° 时弯曲调整值计算

$$\Delta = 2 \times \frac{D}{2} - + d \frac{1}{4} - \times \frac{D+d}{2} \times 2 \times \pi$$
$$= 0.215D + 1.215d$$

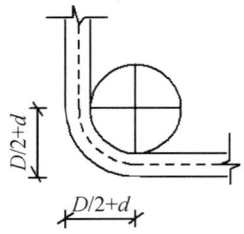

图 4-6 弯曲 90°时弯曲调整值计算示意图

注：D 为弯心直径，d 为钢筋直径，下同

通常，D 取 $4d$，所以 90°时弯曲调整值去 $2d$。

2）弯曲 45°时弯曲调整值计算

$$\Delta = 2\frac{D+d}{2}\tan 22.5° - \frac{45\pi D + d}{180}$$
$$= 0.022D + 0.463d$$

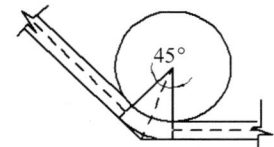

图 4-7 弯曲 45°时弯曲调整值计算示意图

4. 弯钩增加长度

为了保证可靠粘结与锚固光圆钢筋（HPB300）末端做成的弯钩。做为受力纵筋时，要求做 180°半圆弯钩，且平直段为 $3d$，其增加长度计算如下：

$$\frac{D+d}{2}\pi + 3d - \frac{D}{2} + d = 6.25d$$

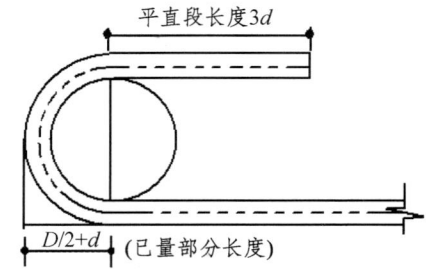

图 4-8 180°弯钩增加长度计算示意图

5. 弯起钢筋坡度系数

计算弯起钢筋下料长度时，可根据弯起角度，折算弯起钢筋坡度系数折算，见表 4-9。

表 4-9 弯起钢筋坡度系数

弯起钢筋示意图	α	S	L	$S-L$
（图示）	30°	2.0H	1.73H	0.27H
	45°	1.41H	1.0H	0.41H
	60°	1.15H	0.58H	0.57H

注：① 为扣去构件保护层弯起钢筋的净高度；
② $S-L$ 为弯起钢筋增加净长度。

6. 钢筋下料计算方法

就目前实际工程而言，钢筋工程施工主要采取钢筋外包尺寸下料。故本项目主要掌握钢筋外包下料方法。

钢筋主筋下料长度 = 图示构件长度(高度) − 保护层厚度 + 搭接增加长度(按规范) +
弯钩增加长度($6.25d$) + 弯起增加长度(45°：$0.41H$；60°：$0.57H$) +
锚固增加长度(按规范) − 弯曲调整值(45°：$0.5d$；90°：$2d$)　　　（4-1）

注：弯钩增加长度在一般情况下（如梁、柱、基础）主筋下料不予考虑，当现浇板主筋采取 HPB300 级钢筋时，根据规范末端反弯 180°平直段长度不小于 $3d$。此时应计算弯钩增加长度。

矩形箍筋下料长度 = （梁宽 − $2a-2d$ + 梁高 − $2a-2d$）× 2 + $11.9d×2$　　　（4-2）

式中　a——梁保护层厚度（见 11G-101-1）；
$11.9d$——箍筋调整系数（含量度差值及末端弯钩增加长度）；
d——箍筋直径。

无加密区箍筋数量：

$$n = L/a + 1\quad(a\text{ 为箍筋间距})\quad（4-3）$$

有加密区的梁、柱箍筋数量：

$n = \{(加密区长度/加密区箍筋间距)+1\} + \{(非加密区长度/非加密区箍筋间距)-1\}$

（4-4）

任务 2　框架柱钢筋下料实例

以平法图集 11G-101-1 中 11 页柱平法施工图为例（图纸信息详平法图集 P11）。假定-2F 板底为筏板基础，筏板基础厚度 1 000 mm，基础钢筋设置为 HRB400 级 Φ20@180 双层双向配筋，基础保护层厚度 50 mm；本案例结构抗震等级为三级，假定所有楼层 KL 均为 300×600，环境类别一类，梁、柱、基础混凝土强度等级均为 C30。计算 3 轴/D 轴 KZ1 从基础插筋至 23.07 标高钢筋下料（考虑此次主筋连接采取直螺纹机械连接）。

下料计算：

（1）柱插筋：

角筋 4⏀25

$L = 1\ 300$（筏板基础顶部-柱根加密区即非连接区高度）$+ 100$（考虑 100 mm 接头区误差保护值，以下均同）$+ 1\ 000$（筏板基础厚度）$- 2 \times 20$（筏板基础下层双排主筋直径）$- 50$（筏板基础底部保护层）$+ 12 \times 25$（插筋基础部位弯锚 $12d$）$- 2d = 2\ 560$ mm

注：柱插筋下料计算过程中的基础顶非连接区长度（≥1/3 尽高）、柱插筋锚入筏板基础底部直达底层筏板主筋上皮已在计算过程中明确。其他计算过程余同。

下料图① 300⌐2 260

中部长接头插筋 12⏀25

$L = 1\ 300 + 100 + 35 \times 25 + 1\ 000 - 2 \times 20 - 50 + 12 \times 25 - 2 \times 25$
$= 3\ 435$ mm

图② 300⌐3 135

中部短接头插筋 8⏀25

$L = 1\ 300 + 100 - 20 \times 2 - 50 + 12 \times 25 - 2 \times 25 = 2\ 560$ mm

图③ 300⌐2 260

以上插筋末端均弯起 300 mm。

（2）$-9.03 \sim -4.53$ 标高连接主筋：

角筋 4⏀25

$L = 4\ 500$（层高）$- 1\ 300$（柱根加密区即非连接区高度）$- 100 + 100 + 750$
$= 3\ 850$ mm

中部短接头连接筋 8⏀25

$L = 4\ 500 - 1\ 300 - 100 + 100 + 750 = 3\ 850$ mm

中部长接头连接筋 12⏀25

$L = 4\ 500 - 1\ 300 - 100 + 100 + 750 + 35 \times 25 - 35 \times 25 = 3\ 850$ mm

以上均为直段钢筋。

（3）$-4.53 \sim -0.03$ 标高连接主筋：

角筋 4⏀25

$L = 4\ 500 - 850$（楼层区域柱根加密区即非连接区高度，以下均同）$+ 850$
$= 4\ 500$ mm

中部短接头连接筋 8⏀25

$L = 4\ 500 - 850 + 850 = 4\ 500$ mm

中部长接头连接筋 12⏀25

$L = 4\ 500 - 850 + 850 + 35 \times 25 - 35 \times 25 = 4\ 500$ mm

以上均为直段钢筋。

（4）-0.03~4.47 标高连接主筋：

角筋 4⏀25

$$L = 4\,500 - 850 + 850 = 4\,500 \text{ mm}$$

中部短接头连接筋 8⏀25

$$L = 4\,500 - 850 + 850 = 4\,500 \text{ mm}$$

中部长接头连接筋 12⏀25

$$L = 4\,500 - 850 + 850 + 35 \times 25 - 35 \times 25 = 4\,500 \text{ mm}$$

以上均为直段钢筋。

（5）4.47~8.67 标高连接主筋：

角筋 4⏀25

$$L = 4\,200 - 850 + 850 = 4\,200 \text{ mm}$$

中部短接头连接筋 8⏀25

$$L = 4\,200 - 850 + 850 = 4\,200 \text{ mm}$$

中部长接头连接筋 12⏀25

$$L = 4\,200 - 850 + 850 + 35 \times 25 - 35 \times 25 = 4\,200 \text{ mm}$$

以上均为直段钢筋。

（6）8.67~12.27 标高连接主筋：

角筋 4⏀25

$$L = 3\,600 - 850 + 850 = 3\,600 \text{ mm}$$

中部短接头连接筋 8⏀25

$$L = 3\,600 - 850 + 850 = 3\,600 \text{ mm}$$

中部长接头连接筋 12⏀25

$$L = 3\,600 - 850 + 850 + 35 \times 25 - 35 \times 25 = 3\,600 \text{ mm}$$

以上均为直段钢筋。

（7）12.27~15.87 标高连接主筋：

角筋 4⏀25

$$L = 3\,600 - 850 + 850 = 3\,600 \text{ mm}$$

中部短接头连接筋 8⏀25

$$L = 3\,600 - 850 + 850 = 3\,600 \text{ mm}$$

中部长接头连接筋 12⏀25

$$L = 3\,600 - 850 + 850 + 35 \times 25 - 35 \times 25 = 3\,600 \text{ mm}$$

以上均为直段钢筋。

（8）15.87~19.47 标高连接主筋：

根据平法图集中关于柱主筋变化要求（上柱主筋多于下柱、下柱主筋多于上柱、上柱主筋直径大于下柱主筋直径等变化）此标高钢筋要采取收接头处理（其中 19.47 以下加密区高度 750 mm，19.47 以上为 650 mm），故计算如下：

钢筋收头处理

$2\Phi25 \quad L = 3\,600 - 750 - 100 - 600 + 1.2L_{aE} = 3\,710\ mm$

中部钢筋收头后接头变化处理

中部 b 边短接头加长 $2\Phi25 \quad L = 3\,600 - 750 - 100 + 650 + 100 + 35 \times 25 = 4\,375\ mm$

长接头变短 $3\Phi25 \quad L = 3\,600 - 750 - 100 - 35 \times 25 + 650 + 100 = 2\,625\ mm$

不变接头 $4\Phi25 \quad L = 3\,600 - 750 - 100 + 650 + 100 = 3\,500\ mm$

中部 h 边长接头变短 $2\Phi25 \quad L = 3\,600 - 750 - 100 - 35d + 650 + 100 = 2\,625\ mm$

短接头加长 $2\Phi25 \quad L = 3\,600 - 750 - 100 + 650 + 100 + 35d = 4\,375\ mm$

不变接头 $2\Phi25 \quad L = 3\,600 - 750 - 100 + 650 + 100 = 3\,500\ mm$

角筋不变接头（短接头）$2\Phi25 \quad L = 3\,600 - 750 - 100 + 650 + 100 = 3\,500\ mm$

短接头加长 $2\Phi25 \quad L = 3\,600 - 750 - 100 + 650 + 100 + 35d = 4\,375\ mm$

以上均为直段钢筋。

（9）19.47~23.07 标高连接主筋：

角筋 $2\Phi22$ 短接头 $\qquad L = 3\,600 - 650 - 100 + 650 + 100 = 3\,600\ mm$

$2\Phi22$ 长接头 $\qquad L = 3\,600 - 650 - 100 - 35d + 650 + 100 + 35d = 3\,600\ mm$

h 边 $4\Phi22$ 短接头 $\qquad L = 3\,600 - 650 - 100 + 650 + 100 = 3\,600\ mm$

$4\Phi22$ 长接头 $\qquad L = 3\,600 - 650 - 100 - 35d + 650 + 100 + 35d = 3\,600\ mm$

b 边 $5\Phi22$ 短接头 $\qquad L = 3\,600 - 650 - 100 + 650 + 100 = 3\,600\ mm$

$5\Phi22$ 长接头 $\qquad L = 3\,600 - 650 - 100 - 35d + 650 + 100 + 35d = 3\,600\ mm$

（10）箍筋下料计算：

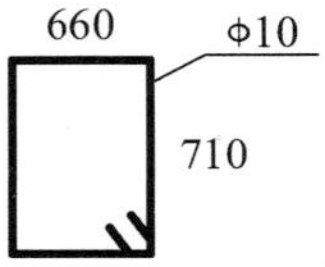

以 -9.03~-4.53 标高段为例（含基础锚固部分）

外箍 $L = (750 - 40 + 700 - 40) \times 2 + 11.9d \times 2 = 2\,978\ mm$

内箍1（h 边为短边）短边料长 $L = (660 - 10 \times 2 - 25)/6 \times 2 + 2 \times 25/2 + 2 \times 10 = 250\ mm$

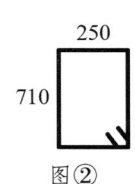

图①

总料长 $L = (250 + 710) \times 2 + 11.9 \times 10 \times 2 = 2\,158\ mm$

注：（1）柱主筋布置位置根据规范是按同侧柱边长扣掉保护层及外侧箍筋直径后的净空尺寸按主筋中心点均等分。

（2）复合箍筋内箍短边长度是以箍筋约束主筋数量及同侧约束的主筋中心点净空间距推算。

内箍2（b 边为短边）短边料长 $L = (710 - 10 \times 2 - 25)/6 \times 2 + 2 \times 25/2 + 2 \times 10 = 267\ mm$

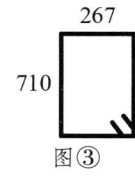

图②

总料长 $L = (267 + 660) \times 2 + 11.9d \times 2 = 2\,092\ mm$

箍筋数量

加密区 $n = (1\,300 - 50)/100 + 1 + (750 + 600 - 50)/100 + 1 = 28$ 根

非加密区 $n = (4\,500 - 1\,300 - 750 - 600)/200 - 1 = 8$ 根

故 -2 层每种箍筋数量为 $n = 28 + 8 + 3$（基础锚固部分最小箍筋数量）$= 39$ 根

图③

项目 3 钢筋加工及安装

任务 1 钢筋加工

钢筋加工是根据钢筋配料单,使钢筋成型的施工过程,主要包括除锈、调直(3~12 mm 钢筋)、切断、弯曲成型等工序。

1. 除 锈

钢筋除锈是指把油渍、漆污和用锤敲击时能剥落的浮皮(俗称老锈)、铁锈等应在使用前清除干净。在焊接前,焊点处的水锈应清除干净。钢筋的除锈,一般可通过以下两个途径:一是在钢筋冷拉或钢丝调直过程中除锈,对大量钢筋的除锈较为经济省力;二是用机械方法除锈,如采用电动除锈机除锈,对钢筋的局部除锈较为方便。此外,还可采用手工除锈(用钢丝刷、砂盘)、喷砂和酸洗除锈等。

在除锈过程中发现钢筋表面的氧化铁皮鳞落现象严重并已损伤钢筋截面,或在除锈后钢筋表面有严重的麻坑、斑点伤蚀截面时,应降级使用或剔除不用。

2. 调 直

指利用钢筋调直机、数控钢筋调直切断机或卷扬机拉直设备等把盘条钢筋拉直的施工过程。

3. 切 断

利用钢筋切断机、手动液压切断器、砂轮切割机等设备对钢筋进行切断的施工过程。切断时应注意:

(1)将同规格钢筋根据不同长度长短搭配,统筹排料;一般应先断长料,后断短料,减少短头,减少损耗。

(2)断料时应避免用短尺量长料,防止在量料中产生累计误差。为此,宜在工作台上标出尺寸刻度线并设置控制断料尺寸用的挡板。

(3)在切断过程中,如发现钢筋有劈裂、缩头或严重的弯头等必须切除;如发现钢筋的硬度与该钢种有较大的出入,应及时向有关人员反映,查明情况。

(4)钢筋的断口,不得有马蹄形或起弯等现象。

4. 弯曲成型

利用钢筋弯曲机、手工弯曲工具(细钢筋)等对钢筋进行按设计要求的角度进行弯曲的施工过程。

5. 钢筋加工质量控制

1)主控项目

(1)受力钢筋的弯钩和弯折应符合下列规定:

① HPB300级钢筋末端应作180°弯钩,其弯弧内直径不应小于钢筋直径的2.5倍,弯钩的弯后平直部分长度不应小于钢筋直径的3倍。

② 当设计要求钢筋末端需作135°弯钩时,HRB335级、HRB400级钢筋的弯弧内直径不应小于钢筋直径的4倍,弯钩的弯后平直部分长度应符合设计要求。

③ 钢筋作不大于90°的弯折时,弯折处的弯弧内直径不应小于钢筋直径的5倍。

(2)除焊接封闭式箍筋外,箍筋的末端应作弯钩,弯钩形式应符合设计要求;当设计无具体要求时,应符合下列规定:

① 箍筋弯钩的弯弧内直径除应满足上述第①条的规定外,尚应不小于受力钢筋直径。

② 箍筋弯钩的弯折角度:对一般结构,不应小于90°;对有抗震等要求的结构,应为135°。

③ 箍筋弯后平直部分长度:对一般结构,不宜小于箍筋直径的5倍;对有抗震等要求的结构,不应小于箍筋直径的10倍。

2)一般项目

(1)钢筋调直宜采用机械方法,也可采用冷拉方法。当采用冷拉方法调直钢筋时,HPB300级的钢筋的冷拉率不宜大于4%,HRB335级、HRB400级和RRB400级钢筋的冷拉率不宜大于1%。

(2)钢筋加工的形状与尺寸应符合设计要求,其偏差应符合表4-10的规定。检查数量与方法,与主控项目相同。

表4-10 钢筋加工的允许偏差

项 目	允许偏差/mm
受力钢筋顺长度方向全长的净尺寸	±10
弯起钢筋的弯折位置	±20
箍筋内的净尺寸	±5

3)钢筋加工常见的质量问题

规格出错;下料长度不够;箍筋尺寸不对,弯钩度数不对,弯钩直线段长度不够,弯钩长度达不到锚固要求;套筒连接的螺纹长度不够;马凳高度不够等。

任务2 钢筋安装

1. 施工准备

(1)核对成品钢筋的钢号、直径、形状、尺寸和数量等是否与料单料牌相符。如有错漏,应纠正增补。

(2)准备绑扎用的铁丝、绑扎工具(如钢筋钩、带扳口的小撬棍)、绑扎架等。钢筋绑扎用的铁丝,可采用20~22号铁丝,其中22号铁丝只用于绑扎直径12 mm以下的钢筋。铁丝长度可参考表4-11的数值采用;因铁丝是成盘供应的,故习惯上是按每盘铁丝周长的几分之一来切断。

表 4-11　钢筋绑扎铁丝长度参考表　　　　　　　　　　　　　　mm

钢筋直径/mm	3~5	6~8	10~12	14~16	18~20	22	25	28	32
3~5	120	130	150	170	190				
6~8		150	170	190	220	250	270	290	320
10~12			190	220	250	270	290	310	340
14~16				250	270	290	310	330	360
18~20					290	310	330	350	380
22						330	350	370	400

注：每吨钢筋绑扎 22 号铁丝需用量：6~12 mm 钢筋为 6~7 kg；16~25 mm 钢筋为 5~6 kg。

（3）准备控制混凝土保护层用的水泥砂浆垫块或塑料卡。水泥砂浆垫块的厚度，应等于保护层厚度，强度应不低于 M15，面积不小于 40 mm × 40 mm。当在垂直方向使用垫块时，可在垫块中埋入 20 号铁丝。塑料卡的形状有两种：塑料垫块和塑料环圈，见图 4-9。塑料垫块用于水平构件（如梁、板），在两个方向均有凹槽，以便适应两种保护层厚度。塑料环圈用于垂直构件（如柱、墙），使用时钢筋从卡嘴进入卡腔；由于塑料环圈有弹性，可使卡腔的大小能适应钢筋直径的变化。

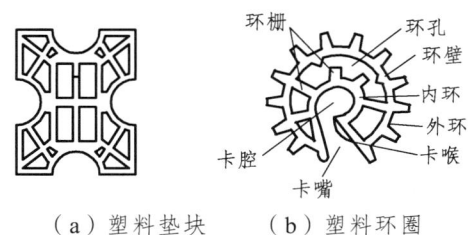

（a）塑料垫块　　（b）塑料环圈

图 4-9　控制混凝土保护层用的塑料卡

（4）划出钢筋位置线。平板或墙板的钢筋，在模板上划线；柱的箍筋，在两根对角线主筋上划点；梁的箍筋，则在架立筋上划点；基础的钢筋，在两向各取一根钢筋划点或在垫层上划线。

钢筋接头的位置，应根据来料规格，结合相应规范有关对有关接头位置、数量的规定，使其错开，在模板上划线。

（5）绑扎形式复杂的结构部位时，应先研究逐根钢筋穿插就位的顺序，并与模板工联系讨论支模和绑扎钢筋的先后次序，以减少绑扎困难。

2. 柱钢筋绑扎

柱钢筋绑扎施工流程：套柱箍筋→竖向受力筋连接→划箍筋间距线→绑箍筋→校准操作要点：

（1）套柱箍筋：按图纸要求间距，注意柱箍筋加密区长度应符合要求，计算好每根柱箍筋数量，先将箍筋套在下层伸出的连接钢筋上，然后立柱子钢筋。

（2）竖向钢筋连接后，按图纸要求用粉笔划箍筋间距线，按已划好的箍筋位置线，将已套好的箍筋往上移动,由上往下绑扎,宜采用缠扣绑扎,绑扎箍筋时绑扣相互间应成八字形。

(3)箍筋与主筋要垂直,箍筋转角处与主筋交点均要绑扎,主筋与箍筋非转角部分的相交点成梅花交错绑扎。箍筋的接头(弯钩叠合处)应交错布置在四角纵向钢筋上。

(4)柱筋保护层厚度应符合规范要求,如主筋外皮为25 mm,垫块应绑在柱竖筋外皮上,间距一般为1 000 mm,(或用塑料卡卡在外竖筋上)以保证主筋保护层厚度准确。同时,可采用钢筋定距框来保证钢筋位置的正确性。当柱截面尺寸有变化时,柱应在板内弯折,弯后的尺寸要符合设计要求。

(5)如果采用搭接方式,下层柱的钢筋露出楼面部分,宜用工具式柱箍将其收进一个柱筋直径,以利上层柱的钢筋搭接。当柱截面有变化时,其下层柱钢筋的露出部分,必须在绑扎梁的钢筋之前,先行收缩准确。

(6)墙体拉接筋或埋件,根据墙体所用材料,按有关图集留置。

(7)注意柱有关构造要求:箍筋加密区、连接区、变截面、柱顶等构造。

3.墙钢筋绑扎

墙钢筋绑扎施工流程:立2~4根竖筋→画水平筋间距→绑定位横筋→绑其余横竖筋→校准。

操作要点:

(1)立2~4根竖筋:将竖筋与下层伸出的搭接筋绑扎,在竖筋上画好水平筋分档标志,在下部及齐胸处绑两根横筋定位,并在横筋上画好竖筋分档标志,接着绑其余竖筋,最后再绑其余横筋。横筋在竖筋里面或外面应符合设计要求。

(2)剪力墙筋应逐点绑扎,在两层钢筋之间要绑扎拉接筋和支撑筋,以保证钢筋的正确位置。拉接筋采用Φ6~10 mm钢筋,绑扎时纵横间距不大于600 mm,绑扎在纵横向钢筋的交叉点上,勾住外边筋。支撑筋采用Φ12钢筋,间距在1 000 m左右,两端刷防锈漆。另有一种梯形支撑筋,用两根竖筋(与墙体竖筋同直径同高度)与拉筋焊接成形,绑在墙体网片之间起到撑、拉作用,间距1 200 mm。也可采用加固模板用的PVC管做支撑筋的作用。在横筋上绑扎砂浆垫块或塑料卡,来保证保护层的厚度。其间距不大于1 000 mm,也可以采用"梯子筋"来开成混凝土保护层。在头尾中间的位置,还可以加"U"形套来保持距离。

(3)剪力墙与框架柱连接处,剪力墙的水平横筋应锚固到框架柱内,其锚固长度要符合设计要求。如先浇筑柱混凝土后绑剪力墙筋时,柱内要预留连接筋或柱内预埋铁件,待柱拆模绑墙筋时作为连接用。其预留长度应符合设计或规范的规定。

(4)剪力墙水平筋在两端头、转角、十字节点、连梁等部位的锚固长度以及洞口周围加固筋等,均应符合设计、抗震要求。

(5)合模后对伸出的竖向钢筋应进行修整,在模板上口加角铁或用梯子筋将伸出的竖向钢筋加以固定,浇筑混凝土时应有专人看护,浇筑后再次调整以保证钢筋位置的准确。

4.梁钢筋绑扎

梁钢筋绑扎施工流程:

(1)模内绑扎(梁的钢筋在梁底模上绑扎,其两侧模或一侧模后装,适用于梁的高度较大时，一般≥1.0 m）画主次梁箍筋间距→放主梁次梁箍筋→穿主梁底层纵筋及弯起筋→穿次梁底层纵筋并与箍筋固定→穿主梁上层纵向架立筋→按箍筋间距绑扎→穿次梁上层纵向钢筋→按箍筋间距绑扎。

（2）模外绑扎（先在梁模板上口绑扎成型后再入模内，适用于梁的高度较小时）画箍筋间距→在主次梁模板上口铺横杆数根→在横杆上面放箍筋→穿主梁下层纵筋→穿次梁下层钢筋→穿主梁上层钢筋→按箍筋间距绑扎→穿次梁上层纵筋→按箍筋间距绑扎→抽出横杆落骨架于模板内。

操作要点：

① 纵向受力钢筋采用双层排列时，两排钢筋之间应垫以直径≥25 mm 的短钢筋，以保持其设计距离。

② 箍筋的接头（弯钩叠合处）应交错布置在两根架立钢筋上，其余同柱。

③ 板、次梁与主梁交叉处，板的钢筋在上，次梁的钢筋居中，主梁的钢筋在下（图4-10）；应避免主、次梁交接处，梁与柱相交（与柱平时）时钢筋是相撞现象（见图 4-11）。主、次梁相撞时可采取如图4-12的措施。

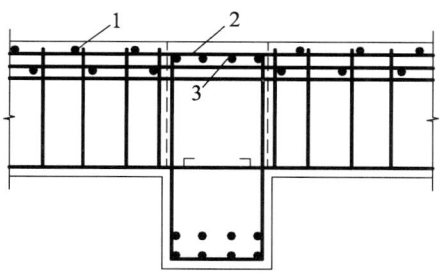

图 4-10 板、次梁与主梁交叉处钢筋

1—板的钢筋；2—次梁钢筋；3—主筋钢筋

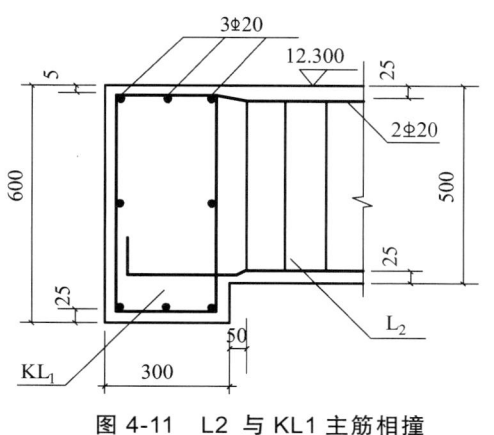

图 4-11 L2 与 KL1 主筋相撞

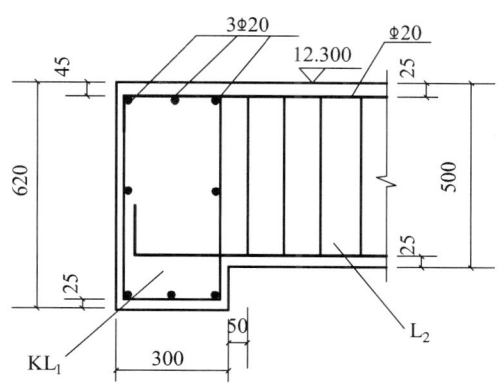

图 4-12 KL1 降低一个 L2 主筋直径

④ 框架节点处钢筋穿插十分稠密时，应特别注意梁顶面主筋间的净距要有 30 mm（下部钢筋净距要有 25 mm），以利浇筑混凝土。

⑤ 梁板钢筋绑扎时应防止水电管线将钢筋抬起或压下。

⑥ 梁钢筋绑扎常见的质量通病有：主筋位移；箍筋间距偏差大；箍筋下料不准导致骨架偏小或偏大、弯钩没有弯曲135°、平直部分长度不足；主筋锚固长度不足。

5. 板钢筋绑扎

板钢筋绑扎施工流程：清理模板→模板上画线→绑板下受力筋→绑负弯矩钢筋。

操作要点：

（1）清理模板上面的杂物，用墨斗在模板上弹好主筋、分布筋间距线。

（2）按划好的间距，先摆放受力主筋、后放分布筋。预埋件、电线管、预留孔等及时配合安装。

（3）在现浇板中有板带梁时，应先绑板带梁钢筋，再摆放板钢筋。绑扎板筋时除外围两根筋的相交点应全部绑扎外，其余各点可交错绑扎（双向板相交点须全部绑扎）。负弯矩钢筋每个相交点均要绑扎。

（4）当板面受力钢筋和分布钢筋的直径均小于10 mm时，可采用条凳式或几字型马，马蹬间距为：当采用Φ6分布筋时不大于500 mm，当采用Φ8分布筋时不大于800 mm，支架与受支承钢筋应绑扎牢固。当板面受力钢筋和分布钢筋的直径均大于10 mm时，可采用几字型马蹬作支架。马蹬在纵横两个方向的间距均不大于800 mm，并与受支承的钢筋绑扎牢固。当板厚$h≤200$ mm时马蹬可用Φ10钢筋制作；当200 mm$≤h≤300$ mm时马蹬应用Φ12钢筋制作；当$h>300$ mm时，制作马蹬的钢筋应适当加大。

（5）在钢筋的下面垫好砂浆垫块，间距1.5 m。垫块的厚度等于保护层厚度，应满足设计要求，如设计无要求时，板的保护层厚度应为15 mm。盖铁下部安装马凳，位置同垫块。

6. 钢筋绑扎安装常见的质量通病

（1）主筋偏位、间距不规范。

（2）主筋保护层厚度不够。

（3）主筋搭接位置不对，搭接长度不够，搭接区段内的搭接率超标。

（4）焊接不规范，搭接焊长度不够。

（5）主筋规格、型号不对，或小或强度等级不够。

（6）梁柱的加密区长度不够。

（7）悬挑钢筋锚固长度不够，悬挑筋的方向不对。

（8）加弯起钢筋的地方未加，梁侧需加附加密箍的未加。

（9）梁腰筋未置，梁抗扭腰筋锚固长度不对。

（10）梁柱节点处柱箍筋未置。

（11）剪力墙与结构梁或暗梁交汇处未置剪力墙水平筋。

（12）多排筋的排距不正确。

（13）板负筋未满扎并成八字扣。

（14）同截面尺寸的相交梁柱，梁主筋未弯入柱，导致梁有效截面尺寸变小。（15）柱筋入承台等基础时未弯曲，在基础中的柱筋未置箍筋。

任务3　钢筋代换

钢筋的级别、钢号和直径应按设计要求采用，若施工中缺乏设计图中所要求的钢筋，在征得设计单位的同意并办理设计变更文件后，可按下述原则进行代换：

（1）不同级别钢筋代换（级别不能超过一级），可按强度相等的原则代换，称"等强代换"。如设计中所用钢筋强度为 f_{y1}，钢筋总面积 A_{s1}，代换后钢筋强度为 f_{y2}，钢筋截面积为 A_{s2}，应使代换前后钢筋的总强度相等，即：

$$A_{s2} \cdot f_{y2} > A_{s1} \cdot f_{y1} \tag{4-5}$$

$$A_{s2} \geqslant (f_{y1}/f_{y2}) \cdot A_{s1} \tag{4-6}$$

（2）同种级别不同规格钢筋之间（直径差值一般不大于4 mm），可按钢筋面积相等的原则进行代换，称为"等面积代换"。即：

$$A_{s2} \geqslant A_{s1} \tag{4-7}$$

【例4.1】某墙体设计配筋为 Φ14@200，施工现场无此钢筋，拟用 Φ12 的钢筋代换，试计算代换后的钢筋数量（每米根数）。

【解】因钢筋的级别相同，所以可按面积相等的原则进行找换。代换前墙体每米设计配筋的根数：$n_1 = 1\,000/200 + 1 = 6$（根）

$$n_2 \geqslant \frac{n_1 d_1^2 f_{y1}}{d_2^2 f_{y2}} = \frac{(6 \times 196)}{144} = 8.2$$

故取 $n_2 = 8$，即代换后每米8根 Φ12 的钢筋。

【例4.2】某构件原设计用7根直径为10的HRB335钢筋，现拟用直径为12的HPB235钢筋代换，试计算代换后的钢筋根数。

【解】因钢筋强度和直径均不相同，应按下式进行计算：

$$n_2 \geqslant \frac{n_1 d_1^2 f_{y1}}{d_2^2 f_{y2}} = \frac{(7 \times 100 \times 335)}{(144 \times 235)} = 6.93$$

故 $n_2 = 7$ 根直径为12的HPB235钢筋代换。钢筋代换注意事项：不同种类钢筋代换，应按钢筋受拉承载力设计值相等的原则进行；必要时应进行抗裂、裂缝宽度或挠度验算；代换后，钢筋间距、锚固长度、最小钢筋直径、根数等应符合混凝土结构设计规范的要求；对重要受力构件，不宜用HPB235级代换HRB335级钢筋；梁的纵向受力钢筋与弯起钢筋应分别进行代换；偏心受力构件，应按受力（受拉或受压）分别代换；对有抗震要求的框架，不宜用强度等级高的钢筋代替设计中的钢筋；预制构件的吊环，必须采用未经冷拉的HPB235级钢筋制作，严禁以其他钢筋代换。

单元 5 模板工程施工

混凝土结构的模板工程,是混凝土结构施工的重要措施项目。现浇框架、剪力结构模板使用量按建筑面积每平方米约为 2.5 m² 和 5 m²,占混凝土结构工程总造价的 25%、总用工量的 35%、工期的 50%~60%。

模板的主要目的是确定构件相互位置关系,保证构件外观尺寸以及相应的支撑、加固强度及稳定性。

项目 1 模板工程施工准备知识

任务 1 模板基本概念

1. 模板的基本要求

模板是使新拌混凝土在浇筑过程中保持设计要求的位置尺寸和几何形状,使之硬化成为钢筋混凝土结构或构件的模型。模板系统包括模板系统和支撑系统两大部分,此外尚须适量的紧固连接件。

模板结构对钢筋混凝土工程的施工质量、施工安全和工程成本有着重要的影响。因此模板结构必须符合下列要求:

(1)保证工程结构和构件各部分形状、尺寸和相互位置的准确。
(2)具有足够的强度、刚度和稳定性,能可靠地承受施工过程中产生的荷载。
(3)构造简单、装拆方便,便于钢筋的绑扎与安装和混凝土的浇筑、养护等工艺要求。
(4)接缝严密不漏浆。
(5)因地制宜,就地取材,周转次数多,损耗少,成本低。

模板工程的施工包括模板的选材、选型、设计、制作、安装、拆除和修整等过程。

2. 模板的分类

模板的种类很多,按材料分为木模板、钢木模板、胶合板模板、钢模板、塑料模板、玻璃钢模板、铝合金模板等。

按结构的类型分为:基础模板、柱模板、墙模板、梁模板、楼板模板、楼梯模板等。

按施工方法分类:有现场装拆式模板、固定式模板和移动式模板。现场装拆式模板是按照设计要求的结构形状、尺寸及空间位置在现场组装,当混凝土达到拆模强度后即拆除模板。现场装拆式模板多用定型模板和工具式支撑;固定式模板多用于制作预制构件,是按构件的形状、尺寸于现场或预制厂制作，涂刷隔离剂，浇筑混凝土，当混凝土达到规定的强度后，即脱模、清理模板，再重新涂刷隔离剂，继续制作下一批构件，各种胎模（土胎模、砖胎模、混凝土胎模）即属于固定式模板；移动式模板是随着混凝土的浇筑，模板可沿垂直方向或水平方向移动，如烟囱、水塔、墙柱混凝土浇筑采用的滑升模板、爬升模板、提升模板、大模板，高层建筑楼板采用的飞模，筒壳混凝土浇筑采用的水平移动式模板等。

任务2 各种类型模板特性

1. 胶合板模板

包括木胶合板和竹胶合板。木胶合板是由木段旋切成单板或由木方刨切成薄木，再用胶粘剂胶合而成的三层或多层的板状材料，通常用奇数层单板，并使相邻层单板的纤维方向互相垂直胶合而成。竹胶合板由竹席、竹帘、竹片等多种组坯结构，及与木单板等其他材料复合，专用于混凝土施工的模板。胶合板模板具有以下优点：表面平整光滑，容易脱模；耐磨性强；防水性好；模板强度和刚度较好，使用寿命较长，周转次数可达5次以上；材质轻，适宜加工大面积模板，板缝少，能满足清水混凝土施工的要求。

1）胶合板模板的规格

竹胶合板的规格尺寸，见表 5-1。竹胶合板使用中应注意最大变形控制（即挠度验算）问题，避免出现胀模，而弹性模量（E）对于挠度有直接的决定作用，竹胶板的弹性模量由于各地所生竹材的材质不同，同时又与胶粘剂的胶种、胶层厚度、涂胶均匀程度以及热固化压力等生产工艺有关，其性质差异也很大，变化范围在 $2 \times 10^3 \mathrm{N/mm^2} \sim 10 \times 10^3 \mathrm{N/mm^2}$，实际验算时，应先向所使用板材的生产厂家或供货商索要其产品的性能指标说明作为参考。

表 5-1 竹胶合板规格

长度/mm	宽度/mm	厚度/mm
1 830	915	9、12、15、18
1 830	1 220	
2 000	1 000	
2 135	915	
2 440	1 220	
3 000	1 500	

2）胶合板模板的配制要求

目前木模板均采用胶合板作为面板，辅以木方或型钢边框，采用钢管或木支撑。

（1）合理进行模板配板设计，尽量减少随意锯截，竹胶板模板锯开的边及时用防水油漆封边两道，防止竹胶板模板使用过程中开裂、起皮。

（2）胶合板常用厚度一般为18mm，内、外楞的间距通过设计计算进行调整；拼板接缝处要求附加小龙骨。

（3）支撑系统可以选用钢管脚手，也可采用木材。采用木支撑时，不得选用脆性、严重扭曲和受潮容易变形的木材。

（4）钉子长度应为胶合板厚度的1.5~2.5倍，每块胶合板与木楞相叠处至少钉2个钉子。第二块板的钉子要转向第一块模板方向斜钉，使拼缝严密。

（5）配制好的模板应在反面编号并写明规格，分别堆放保管，以免错用。

2．钢模板

组合钢模板是一种工具式模板，由两部分组成，即模板和支承件。模板有平面模板、转角模板（包括阴角模、阳角模和连接角模）及各种卡具；支承件包括用于模板固定、支撑模板的支架、斜撑、柱箍、桁架等。组合钢模板由于面积小、拼缝多，已不能满足清水混凝土施工的要求，目前，我国正大力推广钢大模板和钢框胶合板模板技术。

1）模　板

钢模板由边框、面板和纵横肋组成。边框和面板常用2.5~2.8mm厚的钢板轧制而成，纵横肋则采用3mm厚扁钢与面板及边框焊接而成。钢模板的厚度均为55mm。为了便于模板之间拼装连接，边框上都开有连接孔，且无论长短边上的孔距都为150mm，如图5-1和图5-2所示。

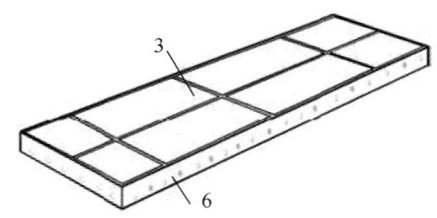

（a）模板正面

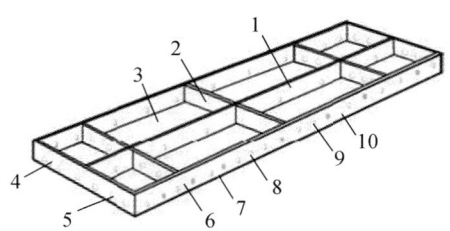

（b）模板北面

图5-1　钢平面模板

1—中纵肋；2—中横肋；3—面板；4—横肋；5—插销孔；6—纵肋；
7—凸棱；8—凸鼓；9—U型卡孔；10—钉子孔

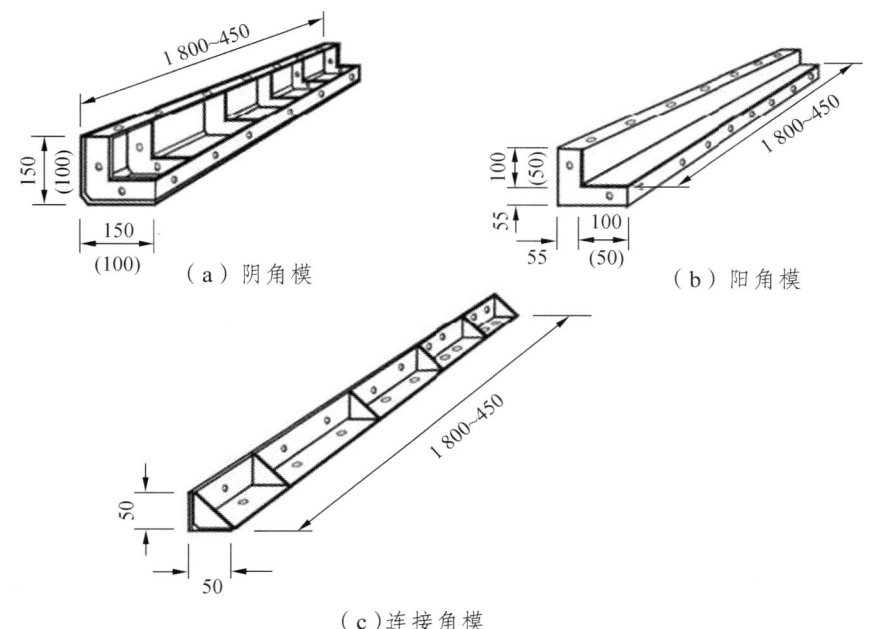

(a) 阴角模　　(b) 阳角模

(c) 连接角模

图 5-2　转角面钢模板

模板的模数尺寸关系到模板的适应性,是设计制作模板的基本问题之一。我国钢模板的尺寸:长度以 150 mm 为模数;宽度以 50 mm 为模数。平模板的长度尺寸有 450～1 800 mm 共 7 个,宽度尺寸有 100～600 mm 共 11 个。平模板尺寸系列化共有 70 余种规格。进行配模设计时,如出现不足整块模板处,则用木板镶拼,用铁钉或螺栓将木板与钢模板间进行连接。

平面钢模、阴角模、阳角模及连接角模分别用字母 P、E、Y、J 表示,在代号后面用 4 位数表示模板规格,前两位是宽度的厘米数,后两位是长度的整分米数。如 P3015 就表示宽 300 mm、长 1 500 mm 的平模板。又如 Y0507 就表示肢宽为 50×50 mm、长度为 750 mm 的阳角模。钢模板规格见表 5-3。

表 5-2　钢模板规格　　　　　　　　　　　　　　　　　　　　mm

名　称	代号	宽　度	长　度	肋高
平面模板	P	600、550、500、450、400、350、300、250、200、150、100	1 800、1 500、1 200、900、750、600、450	55
阴角模板	E	150×150、100×100		
阳角模板	Y	100×100、50×50		
连接角模	J	50×50		

注:本表摘自《组合钢模板技术规程》GB 50214-2001。

钢模板的连接件有 U 形卡、L 形插销、钩头螺栓、对拉螺栓、3 形扣件、蝶形扣件等。钢模板间横向连接用 U 形卡,U 形卡操作简单,卡固可靠,其安装间距一般不大于 300 mm。纵向连接用 L 形插销为主,以增强模板组装后的纵向刚度,如图 5-3 所示。大片模板组装时,采用钢管钢楞,这时就必须用钩头螺栓配合 3 形扣件或蝶形扣件固定,如图 5-4 所示。对于截面尺寸较大的柱、截面较高的梁和混凝土墙体，一般需要在两侧模板之间加设对拉螺栓，以增强模板抵抗混凝土挤压的能力。

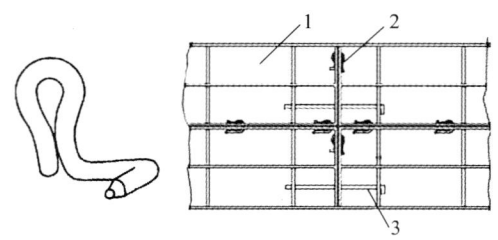

（a）U形卡　（b）连接件使用

图 5-3　U形卡和L形插销

1—钢模板；2—U形卡；3—L形插销

钢模板组拼原则：从施工的实际条件出发，以满足结构施工要求的形状、尺寸为前提，以大规格的模板为主，较小规格的模板为辅，减少模板块数，方便模板拼装，不足模板尺寸的部位，用木板镶补，为了提高模板的整体刚度，可以采取错缝组拼，但同一模板拼装单元，模板的方向要统一。

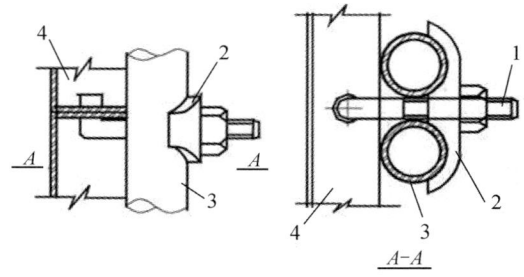

图 5-4　扣件固定

1—钩头螺栓；2—3形扣件；3—钢楞；4—钢模板

2）支承部件

组合钢模板支承部件的作用是将已拼装完毕的模板固定并支承在相应的设计位置上，承受模板传来的一切荷载。由于在施工中，一些较小零件容易丢失损坏，目前在工程中仍比较广泛地使用钢制脚手架作模板支承部件，包括扣件钢管脚手架、门型脚手架等。

项目2　现浇构件模板施工

任务1　模板工程施工准备

现浇结构常见构件主要包括柱、墙、梁、板、楼梯等，模板施工前应进行下列准备工作：

1. 模板设计

（1）根据工程结构的形式、特点及现场条件，合理确定模板工程施工的流水区段，以减少模板投入增加周转次数，均衡工序工程（钢筋、模板、混凝土工序）的作业量。

（2）确定模板配板平面布置及支撑布置：按各构件尺寸设计出配板图，模板面板尺寸及背楞规格、布置位置和间距。支撑布置包括：柱箍选用的形式及间距；竖向支撑、横向支撑、抛撑、剪刀撑等型号、间距；对拉螺栓的布置间距。

（3）绘图与验算：根据模板配板布置及支撑系统布置进行强度、刚度及稳定性验算，合格后要绘制全套模板设计图，其中包括：模板平面布置配板图、分块图、组装图、节点大样图、梁柱节点、主次梁节点大样等。

2. 模板底部找平固定

在墙、柱主筋上距地面 50~80 mm 处，根据模板线，按保护层厚度焊接水平支杆，以防模板的水平移位。柱、墙模板底部固定可采用如下方法：先在地面预埋木砖，将模板固定在木砖上；也可在柱边线抹定位水泥砂浆带或用水泥钉将模板直接钉在地面上；或以角钢焊成柱断面外包框，做成小方盘模板。对于柱、墙外侧模板，可在下层柱预留钢筋或螺栓来承托模板（间距不大于 800 mm）。

3. 其 他

墙、柱钢筋绑扎完毕；水电管线、预留洞、预埋件已安装完毕，绑好钢筋保护层垫块，并办好隐检手续。对于组装完毕的模板，应按图纸要求检查其对角线、平整度、外型尺寸及牢固是否有效；并涂刷脱模剂，分门别类放置。

任务 2 柱模板施工

1. 柱模板构造

柱模板特点：断面尺寸不大但比较高。柱模由四面侧板、柱箍、支撑组成。一般采用 18 mm 厚胶合板做面板，竖向内楞采用 60 mm×80 mm 木方，间距（中到中）250~300 mm，在木工车间制作施工现场组拼。柱顶与梁交接处留出缺口，缺口尺寸为梁的高及宽（梁高以扣除板厚度计算），并在缺口两侧及口底钉上衬口档，衬口档离缺口边的距离即为梁侧板及底板的厚度，衬口档为 50 mm×50 mm 木档，与梁柱接面刨平，拼接密实。柱支撑一般采用柱箍和木方、钢管等作为剪刀撑和抛撑，也可沿柱轴线方向搭成排架，又可兼作梁模及顶板的支撑体系。柱模安装见图 5-5。

2. 柱模板施工要点

柱模板施工工艺流程：单片预组拼柱组拼→第一片柱模就位→第二片柱模就位连接固定→安装第三、四片柱模→检查柱模对角线及位移并纠正→自下而上安装柱箍并做斜撑→全面检查安装质量→群体柱模固定。

（1）安装就位第一片柱模板，并设临时支撑或用不小于 14 号铅丝与柱主筋绑扎临时固定。随即安装第二片柱模，在二片柱模的接缝处粘贴 2 mm 厚的海绵条，以防漏浆；用连接螺栓连接二块柱模，作好支撑或固定。如上述完成第三、四片柱模的安装就位与连接，使之呈方桶形。

（2）自下而上安装柱套箍，间距 500 mm 左右，下部可稍密。

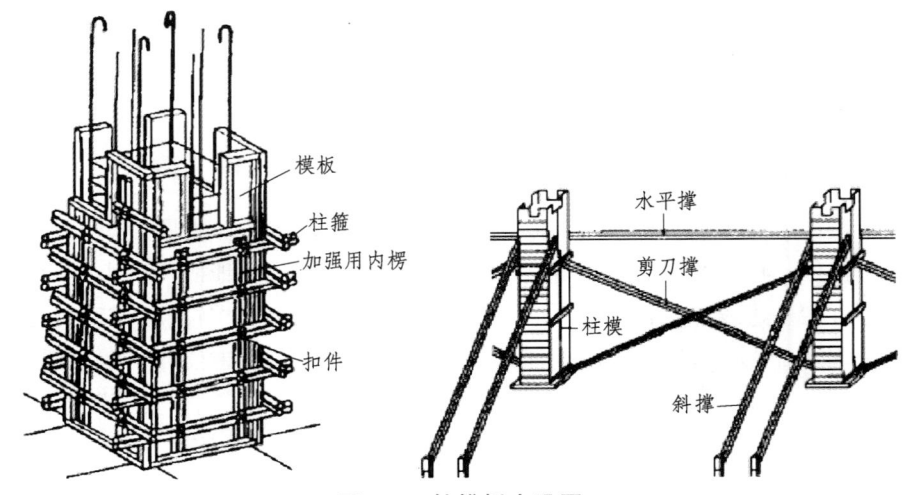

图 5-5　柱模板支设图

（3）柱模加固、轴线及垂直度校正。首先校正单根柱模的轴线位移、垂直偏差（两个方向）、截面、对角线，为保证柱模板稳定、牢固，每根柱四边用钢管、钢丝绳或圆木等做抛撑，通常在钢丝绳上用花篮螺栓（利用丝杠进行伸缩，能调整钢丝绳的松紧）校正模板的垂直度，抛撑的支承点（钢筋环）要牢固可靠地与地面成不大于 45°预埋在楼板混凝土内。同排柱模，按纵横方向先校正端部两根柱，然后在柱上口拉通线校正中间柱，两根柱间加剪刀撑和水平撑加固。柱脚要预留清扫口，便于浇筑混凝土时清理垃圾。较高的柱子，应在模板中部一侧留临时浇捣口，以便浇筑混凝土。

（4）柱模板安装的质量通病及预防。

柱模板安装的质量通病主要有：① 胀模，造成截面尺寸不准，鼓出、漏浆，混凝土不密实或蜂窝麻面。② 偏斜，一排柱子不在同一轴线上。③ 柱身扭曲，梁柱接头处偏差大。

原因分析：

① 柱箍间距太大或不牢，钢筋骨架缩小。

② 测放轴线不认真，梁柱接头处未按大样图安装组合。

③ 成排柱子支模不跟线、不找方，钢筋偏移未扳正就套柱模。

④ 柱模未保护好，支模前已歪扭，未整修好就使用，板缝不严密。

⑤ 模板两侧松紧不一，未进行柱箍和穿墙螺栓设计。

⑥ 模板上有混凝土残渣，未很好清理，或拆模时间过早。

预防措施：

① 根据规定的柱箍间距要求钉牢固，柱子支模前必须先校正钢筋位置。

② 成排柱子支模前，应先在底部弹出通线，将柱子位置兜方找中；应先立两端柱模，校直与复核位置无误后，顶部拉通长线，再立中间各根柱模。柱距不大时，相互间应用剪刀撑及水平撑搭牢。柱距较大时，各柱单独拉四面斜撑，保证柱子位置准确。

③ 四周斜撑要牢固。

任务 3 墙模板施工

1. 墙模板构造

墙模板特点：高度大而厚度小，主要是承受混凝土的侧向压力。墙模板面板采用 18 mm 胶合板，背部支撑由内、外楞组成：直接支撑模板的为竖向内楞（又称内龙骨、立档），一般采用 60 mm×80 mm 木方，中到中间距 300 mm 左右；用以支撑内层龙骨的为横向外楞（又称外龙骨、横档），一般采用双肢 A 48×3.5 钢管或 50 mm×100 mm 方木，中到中间距 500~600 mm，下部可稍密，上下两道距模板上下口 200 mm。组装墙体模板时，通过 M14 穿墙螺栓将墙体两侧模板拉结，每个穿墙螺栓成为主龙骨的支点，穿墙螺栓布置水平间距 600 mm 左右，竖向间距同外楞。并采用钢管＋U 型托作为斜撑，一般设中下二道，间距 600 mm 左右，以固定模板并保证模板垂直度。见图 5-6。

2. 墙模板施工工艺

墙模板施工工艺流程：安装前检查→安装门窗口模板→一侧墙模安装就位→安装斜撑→插入穿墙螺栓及塑料套管→清扫墙内杂物→安装就位另一侧墙模板→安装斜撑→穿墙螺栓穿过另一侧墙模→调整模板位置→紧固穿墙螺栓→斜撑固定→与相邻模板连接。

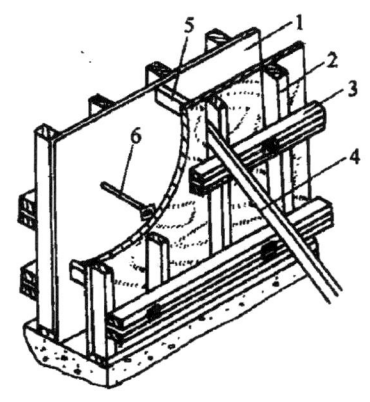

图 5-6 墙模板支设图

1—胶合板；2—内楞；3—外楞；4—斜撑；5—撑头；6—穿墙螺栓

（1）安装墙模前，要对墙体接茬处凿毛，用空压机清除墙体内的杂物，做好测量放线工作。为防止墙体模板根部出现漏浆"烂根"现象，墙模安装前，在底板上根据放线尺寸贴海绵条，做到平整、准确、粘结牢固并注意穿墙螺栓的安装质量。

（2）安装可回收穿墙螺栓的塑料套管宜比墙厚少2~3 mm，拧紧时注意避免塑料套管变形；外墙的穿墙螺栓应采用止水螺栓，并向外倾斜，以利于防水。

（3）每3 m左右留一个清扫口（100 mm×100 mm）。

3．墙模板安装的质量通病及预防

墙模板安装的质量通病主要有：墙体混凝土厚薄不一致；墙体上口过大；混凝土墙体表面粘连；角模与大模板缝隙过大跑浆；角模入墙过深、门窗洞口变形。

预防措施：

（1）墙身放线应准确，误差控制在允许范围内，模板就位调整应认真，穿墙螺栓要全部穿齐、拧紧。

（2）支模时上口卡具按设计要求尺寸卡紧。

（3）模板清理干净，隔离剂涂刷均匀，拆模不能过早。

（4）模板拼装时缝隙过大，连接固定措施不牢固，应加强检查，及时处理。

（5）改进角模支模方法。

（6）门窗洞口模板的组装及固定要牢固，必须认真进行洞口模板设计，能够保证尺寸，便于装拆。

任务4　梁模板施工

1．构造要点

梁模板特点：跨度较大而宽度不大。梁模板采用18 mm胶合面板作为面板，梁侧模板采用40 mm×60 mm木方作为内楞（横向），上中下各设一道，间距约300 mm；采用60 mm×80 mm木方或钢管作为外楞（竖向），间距500 mm左右，当梁高>700 mm时，应在梁中设置一道M12对拉螺栓加固，水平间距500 mm。梁底模采用60 mm×80 mm木方横向布置，间距300 mm左右。纵向支承一般采用Φ48×3.5钢管脚手架作为支撑系统，沿梁跨方向立杆纵距1~1.2 m，梁两侧立杆间距600~700 mm，其他纵距1.5 m，步距1.5 m。见图5-7。

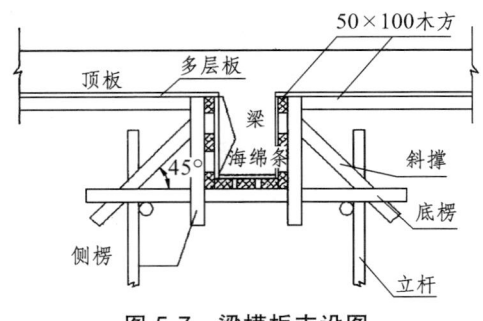

图5-7　梁模板支设图

2. 施工工艺

梁模板施工工艺流程：搭设和调底模板支架（包括安装水平拉杆和剪力撑）→按标高铺梁底模板→拉线找直→绑扎梁钢筋→安装保护层垫块→梁两侧模板→调整模板。

（1）安装梁模支架之前，首层为土壤地面时应平整夯实，首层土壤地面，在支撑下宜铺设统长垫板，楼板 5 cm 木方垫木，并且楼层间的上、下支座应在一条直线上；支撑一般采用双排，间距一般以 500～1 000 mm 为宜（具体应按施工计算定），在支撑上方连固梁底短钢管，在支撑之间应设纵横水平联结杆，楼层高度在 4.5 m 以下时，应设二道水平拉杆和剪刀撑，一般离地 200～300 mm 处设一道，往上纵横方向每隔 1 500 mm 左右设一道，若楼层高度在 4.5 m 以上时要另行作施工方案。

（2）在支撑上调整梁底短钢管，预留梁底模板的厚度，拉线安装梁底模板并找直。当梁跨度等于或大于 4 m 时，梁底板应按设计要求起拱；如设计无要求时，起拱高度宜为全跨长度的 1/1 000～3/1 000。安装梁底模板。

（3）在底模上绑扎钢筋，安装梁侧模板，安装外竖楞、斜撑，其间距一般为 750 mm。当梁高超过 700 mm 时，需加腰楞，并穿对拉螺栓拉结；侧梁模上口要拉线找直，安装牢固，以防跑模。

（4）梁模支设时，为便于拆梁侧模，采用顶板压梁侧模板的做法。

3. 梁模板安装的质量通病及预防

梁模板安装的质量通病主要有：① 防止梁身不平直；② 梁底不平及下挠；③ 梁侧模涨模；④ 局部模板嵌入柱梁间、拆除困难的现象。

预防措施：

（1）支模时应遵守边模包底模的原则，梁模与柱模连接处，下料尺寸一般应略为缩短。

（2）梁模板上下口应设锁口楞，再进行侧向支撑，以保证上下口模板不变形；梁底模板按规定起拱。

（3）混凝土浇筑前，应将模内清理干净，并浇水湿润。

任务 5　现浇板模板施工

1. 构造要点

板模板特点：面积大，厚度一般不大，横向侧压力很小。面板尽量采用 18 mm 厚整张胶合板，以 60 mm×80 mm 木方做板底支撑（内楞），中心间距 300 mm 左右，内楞（小龙骨）由外楞支撑，外楞（大龙骨）采用 50 mm×100 mm 木方或钢脚手管，中心间距 1 m 左右，以定型钢支撑、圆木或扣件式钢管脚手架作为撑系，脚手架排距 1.0 m，跨距 1.0 m，步距 1.5 m。支承木方的横杆与立杆的连接，一般采用双扣件。如图 5-8 所示。

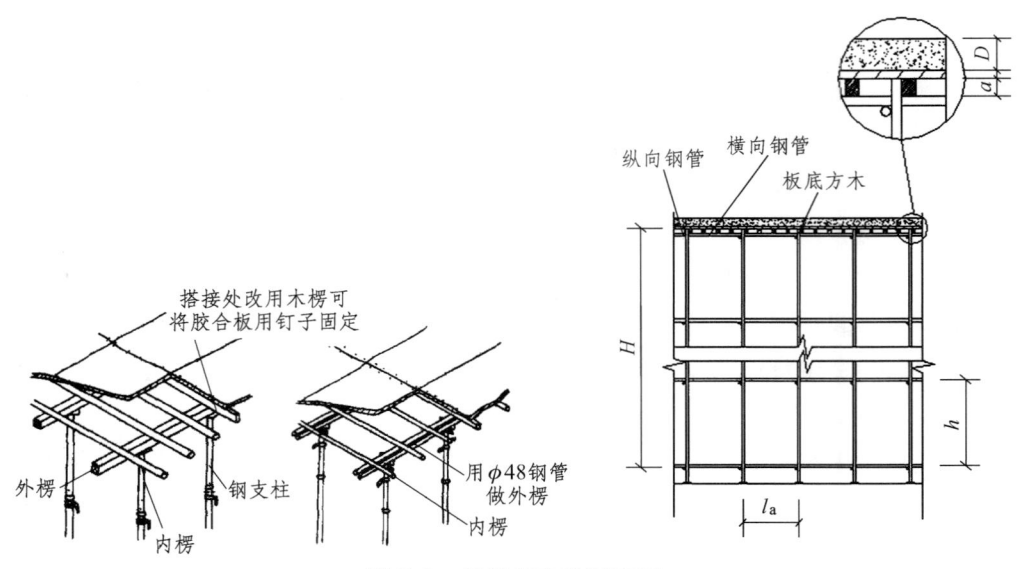

图 5-8 板模板支设示意图

2. 施工工艺

板模板施工工艺流程：搭设支架（脚手钢管搭设、木顶撑支设）→安装内、外楞→调整板下皮标高及起拱→铺设顶板模板→检查模板上皮标高、平整度→模板验收。

（1）搭设支架或安装支撑，一般从边跨开始，依次进行，第一排支撑距墙 10 cm，以防形成翘头楞木，在梁侧模板外侧弹出大龙骨的下标高线，水平线的标高应为楼板底标高减去楼板模板厚度及大、小龙骨高度，按控制线安装大龙骨，通长布置。小龙骨排设方向同大龙骨垂直。调整龙骨标高，将其调平后，开始设置拉杆，以保证支撑系统的稳定性，拉杆距地 30 cm 设一道，向上每 1.5 m 设置水平拉杆一道。

（2）铺模板时可从四周铺起，在中间收口，铺设时，用电钻打眼，螺丝与龙骨拧紧；在相邻两块竹胶板的端部粘贴胶带或挤好密封条，以保证模板拼缝的严密。

（3）楼面模板铺完后，应认真检查支架是否牢固，用靠尺、塞尺和水平仪检查平整度与楼板标高，并进行校正；模板梁面、板面应清扫干净。

3. 板模板安装的质量通病及预防

板模板安装的质量通病主要包括：防止板中部下挠，板底混凝土面不平的现象。

预防措施：

（1）楼板模板厚度要一致，大、小龙骨木料要有足够的强度和刚度，表面要平整。

（2）支顶要符合规定的保证项目要求。

（3）板模按规定起拱。

任务6　模板分项工程施工质量验收

1. 基本规定

（1）模板及其支架应根据工程结构形式、荷载大小、地基土类别、施工设备和材料供应等条件进行设计。模板及其支架应具有足够的承载能力、刚度和稳定性，能可靠地承受浇筑混凝土的重力、侧压力以及施工荷载。

（2）在浇筑混凝土之前，应对模板工程进行验收。模板安装和浇筑混凝土时，应对模板及其支架进行观察和维护。发生异常情况时，应按施工技术方案及时进行处理。

（3）模板及其支架拆除的顺序及安全措施应按施工技术方案执行。

2. 模板安装

1）主控项目

（1）安装现浇结构的上层模板及其支架时，下层楼板应具有承受上层荷载的承载能力，或加设支架；上、下层支架的立柱应对准，并铺设垫板。

（2）在涂刷模板隔离剂时，不得沾污钢筋和混凝土接槎处。

2）一般项目

（1）模板安装应满足下列要求：

① 模板的接缝不应漏浆；在浇筑混凝土前，木模板应浇水湿润，但模板内不应有积水。

② 模板与混凝土的接触面应清理干净并涂刷隔离剂，但不得采用影响结构性能或妨碍装饰工程施工的隔离剂。

③ 浇筑混凝土前，模板内的杂物应清理干净。

④ 对清水混凝土工程及装饰混凝土工程，应使用能达到设计效果的模板。

（2）用作模板的地坪、胎模等应平整光洁，不得产生影响构件质量的下沉、裂缝、起砂或起鼓。

（3）对跨度不小于4 m的现浇钢筋混凝土梁、板，其模板应按设计要求起拱；当设计无具体要求时，起拱高度宜为跨度的1/1 000～3/1 000。

（4）固定在模板上的预埋件、预留孔和预留洞均不得遗漏，且应安装牢固，其偏差项目包括：预埋钢板中心线位置；预埋管、预留孔中心线位置；插筋（中心线位置、外露长度）；预埋螺栓（中心线位置、外露长度）；预留洞（中心线位置、尺寸）。

（5）现浇结构模板安装的允许偏差项目包括：轴线位置；底模上表面标高；截面内部尺寸；层高垂直度；相邻两板表面高低差；表面平整度。

（6）预制构件模板安装的允许偏差项目：长度；宽度；高（厚）度；侧向弯曲；对角线差；翘曲；设计起拱。

3．模板拆除

1）主控项目

（1）底模及其支架拆除时的混凝土强度应符合设计要求。

（2）对后张法预应力混凝土结构构件，侧模宜在预应力张拉前拆除；底模支架的拆除应按施工技术方案执行，当无具体要求时，不应在结构构件建立预应力前拆除。

（3）后浇带模板的拆除和支顶应按施工技术方案执行。

2）一般项目

（1）侧模拆除时的混凝土强度应能保证其表面及棱角不受损伤。

（2）模板拆除时，不应对楼层形成冲击荷载。拆除的模板和支架宜分散堆放并及时清运。

单元 6　混凝土工程施工

混凝土分项工程的工艺过程包括：配料→搅拌、运输→浇筑、振捣→养护。各个施工过程相互联系和影响，任一施工过程处理不当都会影响混凝土工程的最终质量。其施工特点为：① 工序多，相互联系和影响；② 质量要求高（外形、强度、密实度、整体性）；③ 不易及时发现质量问题（拆模后或试压后方可显现）。

近年来混凝土外加剂发展很快，它们的应用影响了混凝土的性能和施工工艺。此外，自动化、机械化的发展和新的施工机械和施工工艺的应用，也大大改变了混凝土工程的施工面貌。

随着建筑技术的发展，混凝土的性能不断改善，混凝土的品种也由过去的普通混凝土发展到今天的高强度混凝土、高性能混凝土等。各种环境下的混凝土结构及复杂特殊形式的混凝土结构，都对混凝土施工提出了越来越高的要求，混凝土工程施工工艺和技术还需进一步改进提高。

项目 1　混凝土配制

任务 1　原材料组成及质量要求

结构工程中所用的混凝土是以水泥为胶凝材料，外加粗细骨料、水，按照一定配合比拌和而成的混合材料。另外，还根据需要，向混凝土中掺加外加剂和外掺和料以改善混凝土的某些性能。因此，混凝土的原材料除了水泥、砂、石、水外，还有外加剂、外掺合料（常用的有粉煤灰、硅粉、磨细矿渣等）。

水泥是混凝土的重要组成材料，水泥在进场时必须具有出厂合格证明和试验报告（3 天和 28 天强度报告），并对其品种、标号、出厂日期等内容进行检查验收。根据结构的设计和施工要求，准确选定水泥品种和标号。水泥进场后，应按品种、标号、出厂日期不同分别堆放，并做好标记，做到先进先用完，不得将不同品种、标号或不同出厂日期的水泥混用。水泥要防止受潮，仓库地面、墙面要干燥。存放袋装水泥时，水泥要离地、离墙 30 cm 以上，且堆放高度不超过 10 包。水泥存放时间不宜过长，水泥存放期自出厂之日算起不得超过 3 个月（快硬硅酸盐水泥不超过 1 个月），否则，水泥使用前必须重新取样检查试验其实际性能。

水泥抽样检测要求：检测项目（细度、安定性、凝结时间、胶砂强度）；抽检频率（散装水泥：对同一水泥厂家生产的同期出厂的同品种、同标号的水泥每 500 t 抽检一次，不同批号及不足 500 t 的均按一批次抽检。袋装水泥：以同一厂家生产的同期出厂的同品种、同标号的水泥每 200 t 抽检一次）；取样（随机从不少于 20 袋中各取等量水泥拌和均匀后，取不少于 12 kg 水泥作为检验试样。散装水泥从罐中取样不少于 12 kg 的样品）。

砂、石子是混凝土的骨架材料，因此，又称粗细骨料，其质量应符合国家现行标准《普通混凝土用碎石或卵石质量标准及检验方法》（JGJ 53）、《普通混凝土用砂质量标准及检验方法》（JGJ 52）的规定。骨料有天然骨料、人造骨料，根据砂的来源不同，砂分为河砂、海砂、山砂，海砂中氯离子对钢筋有腐蚀作用，因此，海砂一般不宜作为混凝土的骨料。粗骨料有碎石、卵石两种，碎石是用天然岩石经破碎过筛而得的粒径大于 5 mm 的颗粒。由自然条件作用而形成的粒径大于 5 mm 的颗粒，称为卵石。混凝土骨料要质地坚固、颗粒级配良好，含泥量、泥块含量和针、片状颗粒含量应符合规范要求（见表 6-1、6-2），有害杂质含量要满足国家有关标准要求。尤其是可能引起混凝土碱-骨料反应的活性硅、云石等含量，必须严格控制。

表 6-1　混凝土骨料中含泥量（按重量计）的限值

骨料种类		混凝土强度等级≥C30	混凝土强度等级<C30
砂子	含泥量	3%	5%
	泥块含量	1%	2%
石子	含泥量	1%	2%
	泥块含量	0.5	0.7

注：含泥量：粒径小于 0.08 mm 颗粒的含量。
　　泥块含量：砂和石子中粒径大于 1.25 和 5 mm，经水洗、手捏后变成小于 0.630 和 2.5 mm 的颗粒的含量。

表 6-2　针、片状颗粒含量

混凝土强度等级	混凝土强度等级≥C30	混凝土强度等级<C30
针、片状颗粒含量按重量计/%	≤15	≤25

注：针、片状颗粒：凡岩石颗粒长度大于该颗粒所属粒级的平均粒径 2.4 倍者为针状颗粒；厚度小于平均粒径 0.4 倍者为片状颗粒。平均粒径指该粒级上、下限粒径的平均值。

混凝土中的粗骨料，其最大颗粒粒径不得超过构件截面最小尺寸的 1/4，且不得超过钢筋最小净距的 3/4；对混凝土实心板，骨料的最大粒径不宜超过板厚的 1/3，且不得超过 40 mm。

砂抽样检测要求：检测项目（筛分级配、含泥量、泥块含量、表观密度、堆积密度、空隙率、坚固性、有害物质等试验）；抽检频率（同一料源的砂每进场 200 m³ 为一批次，不足 200 m³ 也按一批次抽检）；取样（从料堆不同部位铲取，取样前先将取样部位表层铲除，然后取不少于 20 kg 的样品）。

碎石抽样检测要求：检测项目（筛分级配、含泥量、泥块含量、表观密度、堆积密度、空隙率、压碎值、针片状含量、有害物质以及料源岩石的单轴抗压强度试验）；抽检频率（同一料源的碎石每进场 400 m³ 为一批次，不足 400 m³ 也按一批次抽检）；取样（在料堆上取样时，取样部位应均匀分布，分别在料堆的顶部、中部、和底部各由均匀分布的 5 个不同部位取得不少于 50 kg 的样品）。

混凝土拌和用水宜采用饮用水，当使用其他来源水时，水质必须符合《混凝土拌合用水标准》（JGJ63）的有关规定。含有油类、酸类（pH值小于4的水）、硫酸盐和氯盐的水不得用作混凝土拌和水。海水含有氯盐，严禁用作钢筋混凝土或预应力混凝土的拌和水。

混凝土工程中已广泛使用外加剂，以改善混凝土的相关性能。外加剂的种类很多，根据其用途和用法不同，总体可分为早强剂、减水剂、缓凝剂、抗冻剂、加气剂、防锈剂、防水剂等。外加剂使用前，必须详细了解其性能，准确掌握其使用方法，要取样实际试验检查其性能，任何外加剂不得盲目使用。在混凝土加适量的掺和料，既可以节约水泥，降低混凝土的水泥水化总热量，也可以改善混凝土的性能。尤其是高性能混凝土中，掺入一定的外加剂和掺和料，是实现其有关性能指标的主要途径。掺和料有水硬性和非水硬性两种。水硬性掺和料在水中具有水化反应能力，如粉煤灰、磨细矿渣等。而非水硬性掺和料在常温常压下基本上不与水发生水化反应，主要起填充作用，如硅粉、石灰石粉等。掺和料的使用要服从设计要求，掺量要经过试验确定，一般为水泥用量的5%~40%。

任务2　混凝土配制

1. 混凝土试配强度

为使保证率达到95%，混凝土的配制强度应比设计强度标准值高1.645σ。

$$f_{cu,0} = f_{cu,k} + 1.645\sigma \qquad (6-1)$$

式中　$f_{cu,0}$——混凝土的施工配制强度（N/mm²）；

$f_{cu,k}$——设计的混凝土强度标准值（N/mm²）；

σ——施工单位的混凝土强度标准差（N/mm²）。

σ的取值分为有近期资料和无近期资料两种情况取值。施工单位如无近期同一品种混凝土强度统计资料时，σ可按表6-3取值。

表6-3　混凝土强度标准差σ

混凝土强度等级	低于C20	C25~C35	高于C35
σ/MPa	4.0	5.0	6.0

注：表中σ值，反映我国施工单位的混凝土施工技术和管理的平均水平，采用时可根据本单位情况作适当调整。

2. 混凝土的施工配合比调整换算

混凝土强度值对水灰比的变化十分敏感。由于试验室在试配混凝土时的砂、石是干燥的，而施工现场的砂、石均有一定的含水率，其含水量的大小随当时当地气候而异。为保证现场混凝土准确的水灰比，应按现场砂、石实际含水率（砂、石中水的重量与砂、石重量的比值）对用水量予以调整。

设实验室的配合比为：水泥：砂：石子 = $1 : X : Y$，水灰比为W/C。

现场测得的砂、石含水率分别为：W_x，W_y。

则施工配合比为：水泥：砂：石子 = 1 : $X(1+W_x)$: $Y(1+W_y)$

水灰比保持不变，则必须扣除砂、石中的含水量

实际用水量 = W（原用水量）$- X \cdot W_x - Y \cdot W_y$

调整后的水灰比 $C = C' - X \cdot W_x - Y \cdot W_y$

【例6.1】某混凝土实验配比为1:2.28:4.47，水灰比0.63，水泥用量为285 kg/m³，现场实测砂、石含水率为3%和1%。拟用出料容量为250 L的搅拌机拌制，试计算施工配合比及每盘投料量。

【解】（1）混凝土施工配合比为：

水泥：砂：石：水 = 1 : 2.28(1+0.03) : 4.47(1+0.01) : (0.63 − 2.28×0.03 − 4.47×0.01)
   = 1 : 2.35 : 4.51 : 0.517

（2）每盘投料量：

水泥：285×0.25 = 71（kg），取75 kg（取半包水泥的整数倍），则：

砂：75×2.35 = 176（kg）

石：75×4.51 = 338（kg） 水：75×0.517 = 38.8（kg）

3. 材料计量

混凝土所用原材料的计量必须准确，才能保证所拌制的混凝土满足设计和施工提出的要求。各种原材料每盘称量的偏差不得超过表6-4的规定。

表6-4 混凝土原材料称量的允许偏差

材料名称	允许偏差/%
水泥、混合材料	±2
粗、细骨料	±3
水、外加剂	±2

项目2 混凝土的搅拌、运输

任务1 混凝土的搅拌

1. 搅拌机选择

混凝土搅拌机按其搅拌原理分为自落式和强制式两类。

1）自落式搅拌机

自落式搅拌机的搅拌筒内壁焊有弧形叶片，当搅拌筒绕水平轴旋转时，弧形叶片不断将物料提高一定高度，然后使物料自由落下滚动，由于下落时间、落点和滚动距离不同，使物料颗粒相互穿插、翻拌、混合而达到均匀。自落式搅拌机宜用于搅拌塑性混凝土。目前常用的有双锥反转出料式搅拌机等。

2）强制式搅拌机

强制式搅拌机是利用拌筒内运动的叶片强迫物料朝各个方向（环向、径向、竖向）运动，由于各物料颗粒的运动方向、速度各不相同，相互之间产生剪切滑移而相互穿插、扩散，从而在很短的时间内，使物料拌和均匀，这种拌制机理称作剪切搅拌机理。如图 6-1。

强制式搅拌机的搅拌作用比自落式搅拌机强烈，宜用于搅拌干硬性混凝土和轻骨料混凝土。但强制式搅拌机的转速比自落式搅拌机高，动力消耗大，叶片、衬板等磨损也大。

搅拌机以其出料容量（升）为标定规格，在建筑工程中 250 L、350 L、500 L、750L 这 4 种型号比较常用。

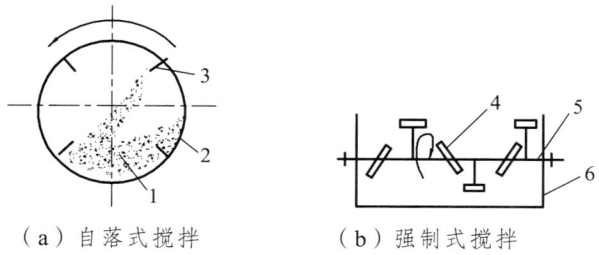

（a）自落式搅拌　　　（b）强制式搅拌

图 6-1　混凝土搅拌机工作原理图

1—混凝土拌和物；2，6—搅拌筒；3，4—叶片；5—转轴

2. 搅拌制度

为了获得质量优良的混凝土拌和物，除正确选择搅拌机外，还必须正确确定搅拌制度，即搅拌时间、投料顺序和进料容量等。

1）混凝土搅拌时间

搅拌时间是指从原材料全部投入搅拌筒开始搅拌时起，到开始卸料时为止所经历的时间。在一定范围内随搅拌时间的延长而强度有所提高，但过长时间的搅拌既不经济也不合理。因为搅拌时间过长，不坚硬的粗骨料在大容量搅拌机中会因脱角、破碎等而影响混凝土的质量。加气混凝土也会因搅拌时间过长而使含气量下降。为了保证混凝土的质量，混凝土搅拌的最短时间见表 6-5。

表 6-5　混凝土搅拌的最短时间　　　　　　　　　　　　　　　　　　　s

混凝土坍落度/mm	搅拌机机型	搅拌机出料量/L		
		<250	250~500	>500
≤30	强制式	60	90	120
	自落式	90	120	150
>30	强制式	60	60	90
	自落式	90	90	120

注：① 当掺有外加剂时，搅拌时间应适当延长。
② 全轻混凝土、砂轻混凝土搅拌时间应延长 60~90s。

2）投料顺序

投料顺序应从提高搅拌质量、减少叶片和衬板的磨损、减少拌和物与搅拌筒的黏结、减少水泥飞扬改善工作环境等方面综合考虑确定。常用的有一次投料法和二次投料法。一次投料法是在上料斗中先装石子，再加水泥和砂，然后一次投入搅拌机。对自落式搅拌机要在搅拌筒内先加部分水，投料时砂压住水泥，水泥不致飞扬，且水泥和砂先进入搅拌筒形成水泥砂浆，可缩短包裹石子的时间。对立轴强制式搅拌机，因出料口在下部，不能先加水，应在投入原料的同时，缓慢均匀分散地加水。

二次投料法经过我国的研究和实践形成了"裹砂石法混凝土搅拌工艺"，它是在日本研究的造壳混凝土（简称SEC混凝土）的基础上结合我国的国情研究成功的，它分两次加水，两次搅拌。用这种工艺搅拌时，先将全部的石子、砂和70%的拌和水倒入搅拌机，拌和15 s使骨料湿润，再倒入全部水泥进行造壳搅拌30 s左右，然后加入30%的拌和水再进行糊化搅拌60 s左右即完成。与普通搅拌工艺相比，用裹砂石法搅拌工艺可使混凝土强度提高10%~20%，或节约水泥5%~10%。在我国推广这种新工艺，有巨大的经济效益。此外，我国还对净浆法、净浆裹石法、裹砂法、先拌砂浆法等各种二次投料法进行了试验和研究。

3）进料容量

进料容量是将搅拌前各种材料的体积累积起来的数量，又称干料容量。进料容量与搅拌机搅拌筒的几何容量有一定比例关系，一般情况下为0.22~0.40。进料容量一般为出料容量的1.4~1.8倍（通常取1.5倍），如任意超载（进料容量超过10%以上），就会使材料在搅拌筒内无充分的空间进行拌和，影响混凝土的和易性。反之，装料过少，又不能充分发挥搅拌机的效能。

任务2　混凝土的运输

混凝土的运输是指将混凝土从搅拌站送到浇筑点的过程。为了保证混凝土的施工质量，对混凝土拌和物运输的基本要求是：不产生离析现象、不漏浆、保证浇筑时规定的坍落度和在混凝土初凝之前能有充分时间进行浇筑和捣实。

匀质的混凝土拌和物，为介于固体和液体之间的弹塑性体，其中的骨料，由于作用于其上的内摩阻力、黏聚力和重力处于平衡状态，而能在混凝土拌和物内均匀分布和处于固定位置。在运输过程中，由于运输工具的颠簸振动等动力的作用，黏聚力和内摩阻力将明显削弱。由此骨料失去平衡状态，在自重作用下向下沉落，质量越大，向下沉落的趋势越强，由于粗、细骨料和水泥浆的质量各异，因而各自聚集在一定深度，形成分层离析现象。这对混凝土质量是有害的，为此，运输道路要平坦，运输工具要选择恰当，运输距离要限制以防止分层离析。如已产生离析，在浇筑前要进行二次搅拌。

此外，运输混凝土的工具要不吸水、不漏浆，且运输时间有一定限制。普通混凝土从搅拌机中卸出后到浇筑完毕的延续时间不宜超过表6-6的规定。如需进行长距离运输可选用混凝土搅拌运输车运输，可将配好的混凝土干料装入混凝土筒内，在接近现场的途中再加水拌制，这样就可以避免由于长途运输而引起的混凝土坍落度损失。

表 6-6　混凝土从搅拌机中卸出到浇筑完毕的延续时间　　　　　　　　min

混凝土强度等级	气　温	
	≤25 °C	>25 °C
≤C30	120	90
>C30	90	60

混凝土运输分为地面运输、垂直运输和楼面运输三种情况。混凝土地面运输，如采用预拌（商品）混凝土运输距离较远时，我国多用混凝土搅拌运输车。混凝土如来自工地搅拌站，则多用载重约 1 t 的小型机动翻斗车或双轮手推车，有时还用皮带运输机和窄轨翻斗车。

混凝土垂直运输，我国多用塔式起重机、混凝土泵、快速提升斗和井架。用塔式起重机时，混凝土要配吊斗运输，这样可直接进行浇筑。混凝土浇筑量大、浇筑速度快的工程，可以采用混凝土泵输送。

混凝土楼面运输，我国以双轮手推车为主，亦用机动灵活的小型机动翻斗车。如用混凝土泵则用布料机布料。

目前，我国很多大中城市在市区施工均禁止现场拌制混凝土而推广商品混凝土，商品混凝土一般采用搅拌运输车（如图 6-2 所示）进行运输，一般容积 8 m³、价位在 50 万元/辆左右。

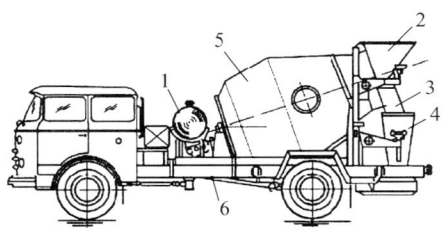

图 6-2　混凝土搅拌运输车
1—水箱；2—进料斗；3—卸料斗；4—活动卸料溜槽；5—搅拌筒；6—汽车底盘

商品混凝土一般采用混凝土泵车进行运输和浇筑，它以泵为动力，沿管道输送混凝土，可以一次完成水平及垂直运输，将混凝土直接输送到浇筑地点，是发展较快的一种混凝土运输方法。根据驱动方式，混凝土泵目前主要有两类，即挤压泵和活塞泵，但在我国主要利用活塞泵，工作原理如图 6-3 所示。

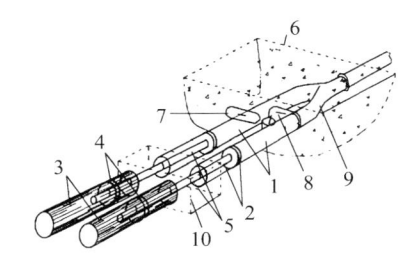

图 6-3　液压活塞式混凝土泵工作原理图
1—混凝土缸；2—推压混凝土活塞；3—液压缸；4—液压活塞；5—活塞杆；6—料斗；
7—控制吸入的水平分配阀；8—控制排出的竖向分配阀；
9—Y 形输送管；10—水箱

活塞泵目前多用液压驱动，它主要由料斗、液压缸和活塞、混凝土缸、分配阀、Y形输送管、冲洗设备、液压系统和动力系统等组成。活塞泵工作时，搅拌机卸出的或由混凝土搅拌运输车卸出的混凝土倒入料斗6，分配阀7开启、分配阀8关闭，液压活塞4在液压作用下通过活塞杆5带动活塞2后移，料斗内的混凝土在重力和吸力作用下进入混凝土缸1。然后，液压系统中压力油的进出反向，活塞2向前推压，同时分配阀7关闭，而分配阀8开启，混凝土缸中的混凝土拌和物就通过Y形输送管压入输送管送至浇筑地点。由于有两个缸体交替进料和出料，因而能连续稳定地排料。不同型号的混凝土泵，其排量不同，水平运距和垂直运距亦不同，常用者，混凝土排量 80～120 m³/h，水平运距 1 200～1 500 m，垂直运距 280～350 m。最大水平输送距离已超过 2 000 m，最大垂直泵送高度也可达 500 m以上。

常用的混凝土输送管为钢管、橡胶和塑料软管。直径为 75～200 mm、每段长约 3 m，还配有 45°、90°等弯管和锥形管，弯管、锥形管和软管的流动阻力大，计算输送距离时要换算成水平换算长度。垂直输送时，在立管的底部要增设逆流阀，以防止停泵时立管中的混凝土反压回流。

将混凝土泵装在汽车上便成为混凝土泵车（如图6-4所示），在车上还装有可以伸缩或屈折的"布料杆"，其末端是一软管，可将混凝土直接送至浇筑地点，布料臂架达到 42～56 m，使用十分方便。

泵送混凝土是指坍落度不低于 100 mm并用泵送施工的混凝土，对混凝土的配合比和材料有较严格的要求：碎石、卵石最大粒径与输送管内径之比宜小于等于 1：3和1：2.5，泵送高度在 50～100 m时宜为 1：3～1：4，泵送高度在 100 m以上时宜为 1：4～1：5，以免堵塞，如用轻骨料则以吸水率小者为宜，并宜用水预湿，以免在压力作用下强烈吸水，使坍落度降低而在管道中形成阻塞。砂宜用中砂，通过 0.315 mm 筛孔的砂应不少于 15%。砂率宜控制在 35%～45%，如粗骨料为轻骨料还可适当提高。水泥用量不宜过少，否则泵送阻力增大，水泥和矿物掺合料的总量不宜少于 300 kg/m³，用水量与水泥和矿物掺合料的总量之比不宜大于 0.60。掺用引气型外加剂时，含气量不宜大于 4%。对不同泵送高度，入泵时混凝土的坍落度可参考表6-7选用。

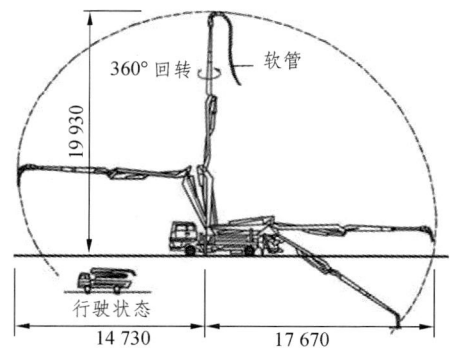

图6-4 带布料杆的混凝土泵车

表6-7 不同泵送高度入泵时混凝土坍落度选用值

泵送高度/m	30 以下	30～60	60～100	100 以上
坍落度/mm	100～140	140～160	160～180	180～200

混凝土泵宜与混凝土搅拌运输车配套使用,且应使混凝土搅拌站的供应能力和混凝土搅拌运输车的运输能力大于混凝土泵的泵送能力,以保证混凝土泵能连续工作,防止停机堵管。进行输送管线布置时,应尽可能直,转弯要缓,管段接头要严,少用锥形管,以减少压力损失。如输送管向下倾斜,要防止因自重流动使管内混凝土中断、混入空气而引起混凝土离析,产生阻塞。为减小泵送阻力,用前先泵送适量的水泥浆或水泥砂浆以润滑输送管内壁,然后进行正常的泵送。在泵送过程中,泵的受料斗内应充满混凝土,防止吸入空气形成阻塞。混凝土泵排量大,在进行浇筑大面积建筑物时,最好用布料机进行布料。

泵送结束要及时清洗泵体和管道,用水清洗时将管道与Y形管拆开,放入海绵球及清洗活塞,再通过法兰,使高压水软管与管道连接,高压水推动活塞和海绵球,将残存的混凝土压出并清洗管道。

用混凝土泵浇筑的结构物,要加强养护,防止因水泥用量较大而引起开裂。如混凝土浇筑速度快,对模板的侧压力大,模板和支撑应保证稳定和有足够的强度。选择混凝土运输方案时,技术上可行的方案可能不止一个,这就要通过综合的技术经济比较来选择最优方案。

项目3 混凝土的浇筑

任务1 混凝土浇筑基本要求

1. 施工准备

(1)技术交底。混凝土浇筑技术交底内容包括:混凝土配合比(挂牌)、计量方法、工程量、施工进度、施工缝留设、浇筑标高、部位、浇筑顺序、技术措施和操作要求等。

(2)交接检查。重点检查模板的各种连接件和支撑是否松动,模板接缝是否严密;检查钢筋是否变形和移位,保护层垫块是否垫好,钢筋的保护层垫块是否符合规范要求。

(3)清理。清理模板内的垃圾、木片、刨花、锯屑、泥土和钢筋上的油污等杂物,木模板应浇水加以润湿,但不允许留有积水。

2. 浇筑的一般要求

(1)混凝土自料斗、漏斗口下落的自由倾落高度不得超过2 m,在竖向结构中浇筑混凝土的高度不得超过3 m,否则应采用串筒、斜槽、溜管或在模板侧面开洞口等方法下料,避免混凝土离析。

(2)应分层浇筑,分层捣实。每层浇筑厚度:插入式振动器——≤1.25倍振捣器作用部分长度(300~400 mm),不超过500 mm;表面式振动器——≤200 mm。

(3)浇筑混凝土应连续进行,即在前层混凝土初凝之前,将上层混凝土浇筑完毕。间歇的最长时间应按所用水泥品种、气温及混凝土凝结条件确定,一般超过2 h应按施工缝处理(当混凝土的凝结时间小于2 h时,则应当执行混凝土的初凝时间),施工缝留设位置应符合要求。

（4）看模、看筋：浇筑混凝土时应经常观察模板、钢筋、预留孔洞、预埋件和插筋等有无移动、变形或堵塞情况，发现问题应立即处理，并应在已浇筑的混凝土初凝前修正完好。

任务2　混凝土浇筑重难点技术

1. 施工缝留设

混凝土浇筑因技术或组织上的原因不能连续进行，且浇筑的中断时间有可能超过混凝土的初凝时间，新旧混凝土的交接缝处称为施工缝。

混凝土施工缝不应随意留置，其位置应事先在施工技术方案中确定。确定施工缝位置的原则为：尽可能留置在受剪力较小的部位；留置部位应便于施工。

1）留设规定

（1）柱：留设水平缝，留置在基础的顶面、框架梁的底面（顶层柱若采用梁钢筋锚入柱的构造，应留设在梁钢筋锚固位置处）或顶面、无梁楼板柱帽的下面（图6-5）。

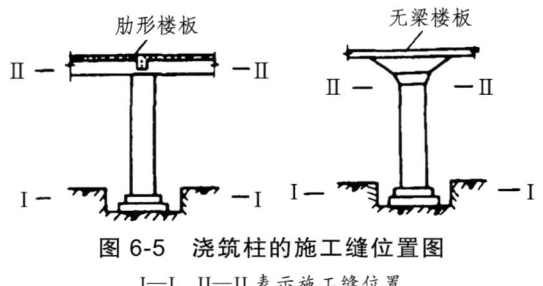

图6-5　浇筑柱的施工缝位置图
Ⅰ—Ⅰ、Ⅱ—Ⅱ表示施工缝位置

（2）梁：梁板宜同时浇筑，梁高>1 m时可留设水平缝，设在板或梁托（翼缘）下 20～30 mm处。

（3）单向板：留置在平行于板的短边的任何位置。

（4）有主次梁的楼板：留置在次梁跨中的中间三分之一范围内（图6-6）。

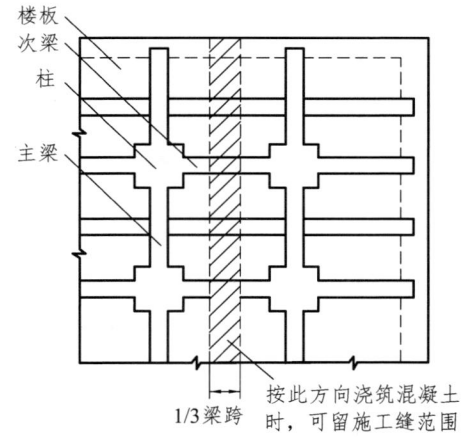

图6-6　浇筑有主次梁楼板的施工缝位置图

（5）墙：留置在门洞口过梁跨中 1/3 范围内，也可留在纵横墙的交接处。

（6）楼梯：楼梯间有剪墙时，留在该层楼板后退 1/3 的楼梯长处；框架结构无剪力墙时，留在该层楼板向上 1/3 的楼梯长处（上 3~4 个踏步且截面要垂直于梯板）。

2）施工缝处理

在施工缝处继续浇筑混凝土时，已浇筑的混凝土抗压强度不应小于 1.2 N/mm²。混凝土达到 1.2 N/mm² 的时间，可通过试验决定，同时，必须对施工缝进行必要的处理。

（1）在已硬化的混凝土表面上继续浇筑混凝土前，应清除垃圾、水泥薄膜、表面上松砂石和软弱混凝土层，同时还应加以凿毛，用水冲洗干净并充分湿润，一般不宜少于 24 h，残留在混凝土表面的积水应予清除。

（2）注意施工缝位置附近回弯钢筋时，要做到钢筋周围的混凝土不受松动和损坏。钢筋上的油污、水泥砂浆及浮锈等杂物也应清除。

（3）在浇筑前，水平施工缝宜先铺上 10~15 mm 厚的水泥砂浆一层，其配合比与混凝土内的砂浆成分相同。

（4）从施工缝处开始继续浇筑时，要注意避免直接靠近缝边下料。机械振捣前，宜向施缝处逐渐推进，并距 80~100 cm 处停止振捣，但应加强对施工缝接缝的捣实工作，使其紧密结合。

2. 后浇带的设置

后浇带是为在现浇钢筋混凝土结构施工过程中，克服由于温度、收缩而可能产生有害裂缝而设置的临时施工缝。该缝需根据设计要求保留一段时间后再浇筑，将整个结构连成整体。

后浇带的设置距离，应考虑在有效降低温差和收缩应力的条件下，通过计算来获得。在正常的施工条件下，有关规范对此的规定是：如混凝土置于室内和土中，则为 30 m；如在露天，则为 20 m。

后浇带的保留时间应根据设计确定，若设计无要求时，一般至少保留 28 d 以上。后浇带的宽度应考虑施工简便，避免应力集中。一般其宽度为 70~100 cm。后浇带内的钢筋应完好保存。后浇带的构造见图 6-7。

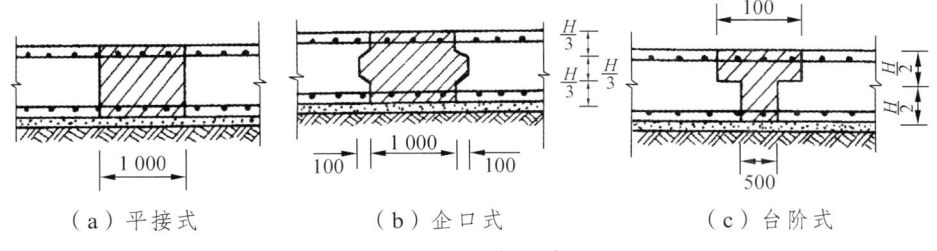

图 6-7 后浇带构造图

后浇带在浇筑混凝土前，必须将整个混凝土表面按照施工缝的要求进行处理。填充后浇带混凝土可采用微膨胀或无收缩水泥，也可采用普通水泥加入相应的外加剂拌制，但必须要求填筑混凝土的强度等级比原结构强度提高一级，并保持至少 15 d 的湿润养护。

3. 大体积混凝土施工

混凝土结构物实体最小尺寸等于或大于 1 m，或预计会因水泥水化热引起混凝土内外温差过大（不低于 25 ℃）而导致裂缝的混凝土称为大体积混凝土。

1）大体积混凝土浇筑方案

（1）全面分层：当结构面积小而厚度大时，可将整个结构分为若干层逐层进行浇筑。若结构平面面积为 A（m^2），浇筑分层厚为 h（m），每小时浇筑量为 Q（m^3/h），混凝土从开始浇筑至初凝的延续时间为 T 小时，为保证结构的整体性，则应满足：$Ah \leq QT$。

（2）分段分层：当结构面积较大但呈长条形时，可将结构划分为若干段，每段又分为若干层，先浇筑第一段各层，然后浇筑第二段各层，如此逐层连续浇筑，直至结束。若结构的厚度为 H（m），宽度为 b（m），分段长度为 L（m），为保证结构的整体性，则应满足：$L \leq QT/b(H-b)$。

（3）斜面分层：当结构的面积大但厚度小时，一般可采用斜面浇筑方案。

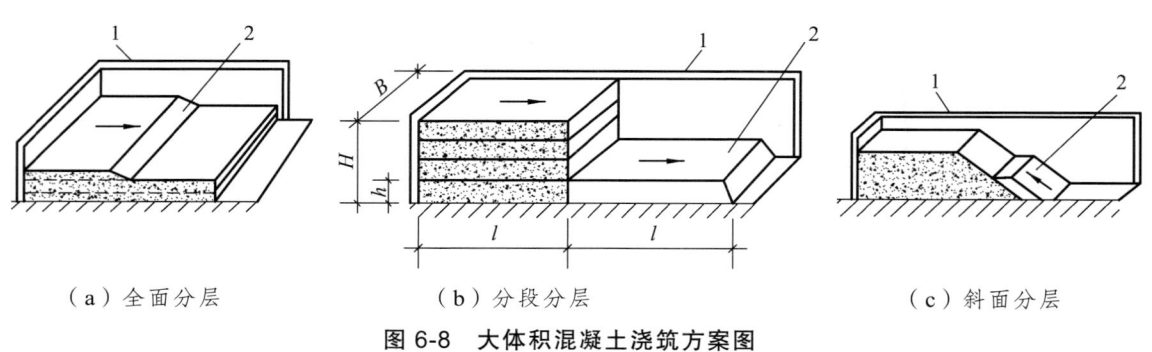

（a）全面分层　　　　（b）分段分层　　　　（c）斜面分层

图 6-8　大体积混凝土浇筑方案图

1—模板；2—新浇筑的混凝土

2）大体积混凝土裂缝产生的原因和防治措施

厚大钢筋混凝土结构由于体积大，水泥水化热聚积在内部不易散发，内部温度显著升高，外表散热快，形成较大内外温差，内部产生压应力，外表产生拉应力，如内外温差过大（25 ℃以上），则混凝土表面将产生裂缝。

当混凝土内部逐渐散热冷却，产生收缩，由于受到基底中已硬混凝土的约束，不能自由收缩，而产生拉应力。温差越大，约束程度越高，结构长度越大，则拉应力越大。当拉应力超过混凝土的抗拉强度时即产生裂缝，裂缝从基底向上发展，甚至贯穿整个基础。这种裂缝比表面裂缝危害更大。

要防止混凝土早期产生温度裂缝，就要控制混凝土的内外温差，以防止表面开裂；控制混凝土冷却过程中的总温差和降温速度，以防止基底开裂。

早期温度裂缝的预防方法：优先采用水化热低的水泥（如矿渣硅酸盐水泥）；减少水泥用量；掺入适量的粉煤灰或在浇筑时投入适量毛石；放慢浇筑速度和减少浇筑厚度，采用人工降温措施；浇筑后应及时覆盖；必要时，取得设计单位同意后，可分块浇筑，块和块间留 1 m 宽后浇带，待各分块混凝土干缩后，再浇后浇带。

任务 3　混凝土振捣及浇筑方法

1. 混凝土振捣

混凝土振动密实原理：在振动力作用下混凝土内部的粘着力和内摩擦力显著减少，骨料在其自重作用下紧密排列，水泥砂浆均匀分布填充空隙，气泡逸出，混凝土填满了模板并形成密实体积。

振动机械主要有：

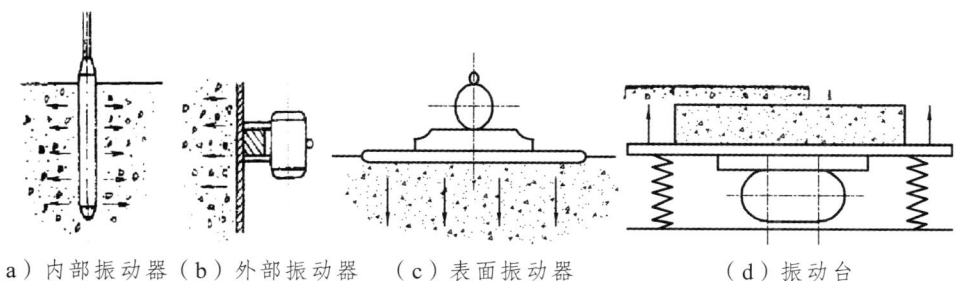

（a）内部振动器　（b）外部振动器　（c）表面振动器　（d）振动台

图 6-9　混凝土振捣机

（1）内部振动器——又称插入式振动器，多用于振实梁、柱、墙、厚板和基础等。振捣要点：

① 插入方向：垂直或 45°斜向插入。

② 振捣原则：振捣时应做到快插慢拔，上下抽动，插入下层 50～100 mm，以促使上下层混凝土结合成整体。

③ 振捣时间：每点振捣时间 20～30 s（观察：初始振捣时，混凝土呈明显下沉和冒气泡；振实后表面呈现浮浆，无气泡冒出）。

④ 移动距离：振动棒移动间距不宜大于作用半径的 1.5 倍，每点间呈行列式或梅花形排列，距离模板不大于作用半径的 0.5 倍，应避免漏振和碰模板、钢筋、预埋件等。

（2）表面振动器——适用于捣实楼板、地面、板形构件和薄壳等薄壁结构。在无筋或单层钢筋结构中，每次振实的厚度不大于 250 mm；在双层钢筋的结构中，每次振实厚度不大于 120 mm。

（3）附着式振动器——通过螺栓或夹钳等固定在模板外侧的横档或竖档上，但模板应有足够的刚度。

2. 框架结构混凝土浇筑要点

（1）柱的混凝土浇筑：柱浇筑前底部应先填 5～10 cm 厚与混凝土配合比相同的减石子砂浆；与梁板整体浇筑时，应在柱浇筑完毕后停歇 1～1.5 h，使其初步沉实，再继续浇筑。浇筑完后，应及时将伸出的连接钢筋整理到位。

（2）剪力墙混凝土浇筑：如柱、墙的混凝土强度等级相同时，可以同时浇筑，反之宜先浇筑柱混凝土，预埋剪力墙锚固筋，待拆柱模后，再绑剪力墙钢筋、支模、浇筑混凝土。剪力墙浇筑混凝土前，先在底部均匀浇筑 5～10 cm 厚与墙体混凝土同配比减石子砂浆，并用铁锹入模,不应用料斗直接灌入模内。振捣时注意钢筋密集及洞口部位,为防止出现漏振,须在洞口两侧同时振捣,下灰高度也要大体一致。大洞口的洞底模板应开口,并在此处浇筑振捣。墙体混凝土浇筑高度应高出板底 20～30 mm。混凝土墙体浇筑完毕之后,将上口甩出的钢筋加以整理,用木抹子按标高线将墙上表面混凝土找平。

(3)梁、板混凝土浇筑:梁、板应同时浇筑,浇筑方法应由一端开始用"赶浆法",即先浇筑梁,根据梁高分层浇筑成阶梯形,当达到板底位置时再与板的混凝土一起浇筑,随着阶梯形不断延伸,梁板混凝土浇筑连续向前进行。浇捣时,浇筑与振捣必须紧密配合,第一层下料慢些,梁底充分振实后再下第二层料,用"赶浆法"保持水泥浆沿梁底包裹石子向前推进;梁柱节点钢筋较密时,此处宜用小粒径石子同强度等级的混凝土浇筑,并用小直径振捣棒振捣。浇筑板混凝土的虚铺厚度应略大于板厚,用平板振捣器垂直浇筑方向来回振捣,厚板可用插入式振捣器顺浇筑方向拖拉振捣,并用铁插尺检查混凝土厚度,振捣完毕后用长木抹子抹平。

任务 4　混凝土养护

混凝土浇筑捣实后,逐渐凝固硬化,这个过程主要由水泥的水化作用来实现,而水化作用必须在适当的温度和湿度条件下才能完成。因此,为了保证混凝土有适宜的硬化条件,使其强度不断增长,必须对混凝土进行养护。混凝土的养护就是创造一个具有一定湿度和温度的环境,使混凝土凝结硬化,达到设计要求的强度。因而养护对于保证混凝土的质量是至关重要的。混凝土养护方法分为标准养护、自然养护和人工养护。

1. 标准养护

混凝土在温度为(20 ± 3) ℃和相对湿度为 90%以上的潮湿环境或水中的条件下进行的养护。标准养护主要用于混凝土试块的养护。

2. 自然养护

自然养护是指利用平均气温高于 5 ℃的自然条件下,对混凝土采取相应的保湿、保温等措施所进行的养护。自然养护简单,费用低,是混凝土施工的首选方法。自然养护又分洒水养护、蓄水养护、薄膜布养护和喷涂薄膜养生液养护三种。

(1)洒水养护即用吸水保温能力较强的材料(如草帘、锯末、麻袋、芦席等)将刚浇筑的混凝土进行覆盖,通过洒水使其保持湿润。应在浇筑完毕后的 12 h 以内对混凝土加以覆盖并保湿养护;洒水养护时间长短取决于水泥品种和结构的功能要求,普通硅酸盐水泥或矿渣硅酸盐水泥拌制的混凝土,不得少于 7 d;掺有缓凝型外加剂或有抗渗要求的混凝土不得少于 14 d。浇水次数应能保持混凝土处于湿润状态;混凝土养护用水应与拌制用水相同。应注意当日平均气温低于 5℃时,不得浇水。

(2)蓄水养护与洒水养护原理相同,只是以蓄水代替洒水过程,这种方法适用于平面形结构(如道路、机场、现浇屋面板等),一般结构的周边用黏土做成围堰。

(3)薄膜布养护是在有条件的情况下,可采用不透水、气的薄膜布(如塑料薄膜布)养护。用薄膜布把混凝土表面敞露的部分全部严密地覆盖起来保证混凝土在不浇水的情况下得到充足的养护。这种养护方法的优点是不必浇水,操作方便,能重复使用,能提高混凝土的早期强度,加速模具的周转。采用塑料布覆盖养护的混凝土,其敞露的全部表面应覆盖严密,并应保持塑料面布内有凝结水。

(4)喷涂薄膜养生液养护适用于缺水地区的混凝土结构或不易洒水养护的高耸构筑物和大面积混凝土结构。它是将高分子合成乳液等喷洒在新浇筑的混凝土表面上,溶剂挥发后在混凝土表面形成一层薄膜,将混凝土与空气隔绝,阻止混凝土中水分的蒸发,以保证水化作用的继续进行。薄膜在养护完成一定时间后要能自行老化脱落,否则,不宜于喷洒在以后要做粉刷的混凝土表面上。在夏季,薄膜成型后要防晒,否则易产生裂纹。

3. 人工养护

人工养护就是用人工来控制混凝土的养护温度和湿度,使混凝土强度增长,如蒸汽养护、热水养护、太阳能养护等。主要用来养护预制构件,现浇构件大多用自然养护。

混凝土必须养护至其强度达到 1.2 N/mm^2 以上,方可允许在其上行人或安装模板和支架。混凝土养护必须填写混凝土养护记录表。

任务5 混凝土质量检查

混凝土质量检查包括施工前的检查、拌制和浇筑过程中的质量检查和养护后的质量检查。

1. 施工前的检查

(1)混凝土原材料的质量是否合格。

(2)配合比是否正确。首次使用的混凝土配合比应进行开盘鉴定,其工作性应满足设计配合比的要求。混凝土拌制前,应测定砂、石含水率并根据测试结果调整材料用量,提出施工配合比。

2. 拌制和浇筑过程中的质量检查

(1)混凝土拌制计量是否准确。各种衡器应定期校验,每次使用前应进行零点校核,保持计量准确;当遇雨天式含水率有显著变化时,应增加含水率检测次数,并及时调整水和骨料的用量。

(2)应随时检查混凝土的搅拌时间。每一工作班至少检查两次混凝土坍落度并填写"混凝土坍落度测定报告",并对混凝土振捣情况进行检查监督。

坍落度实验要点:分三层均匀地装入筒内,每层装入高度在插捣后大致为筒高的三分之一。顶层装料时,应使拌和物高出筒顶。插捣过程中,如试样沉落到低于筒口,则应随时添加,以便自始至终保持高于筒顶。每装一层分别用捣棒插捣25次,插捣应在全部面积上进行,沿螺旋线由边缘渐向中心。在筒边插捣时,捣棒应稍有倾斜,然后垂直插捣中心部分。每层插捣时应捣至下层表面为止。插捣完毕后卸下漏斗,将多余的拌和物用镘刀刮去,使之与筒顶面齐平,筒周围拌板上的杂物必须刮净、清除。将坍落度筒小心平稳地垂直向上提起,不得歪斜,提离过程在 5~10 s 内完成,将筒放在拌和物试体一旁,量出坍落后拌和物试体最高点与筒的高度差（以 mm 为单位，读数精确至 5 mm），即为该拌和物的坍落度。从开始装料到提起坍落度筒的整个过程在 150 s 内完成。

同时观察记录观察混凝土的和易性、粘聚性和保水性指标。

和易性：坍落度筒提离后，如混凝土发生崩坍或一边剪坏现象，则应重新取样另行测定，如第二次试验仍出现上述现象则表示混凝土和易性不好（良好、一般、不好）。

粘聚性：用捣棒在已坍落的混凝土锥体侧面轻轻敲打，此时，如果锥体逐渐下沉，则表示粘聚性良好，如果锥体倒塌，部分崩裂或出现离析现象，则表示粘聚性不好。

保水性：坍落度筒提离后如有较多的稀浆从底部析出，锥体部分的混凝土也因失浆而骨料外露，则表示此混凝土拌和物的保水性不好，如坍落度筒提离后无稀浆自底部析出，则表示此混凝土拌和物的保水性良好。

（3）混凝土运输、浇筑及间歇的全部时间不应超过混凝土的初凝时间。同一施工段的混凝土应连续浇筑，并应在底层混凝土初凝之前将上一层混凝土浇筑完毕。

（4）施工缝、后浇带的留置位置是否正确。

（5）混凝土浇筑完毕后，应按施工技术方案及时采取有效的养护措施。在混凝土制备和浇筑过程中对原材料的质量、配合比、坍落度、振捣等的检查，如遇特殊情况还应及时进行抽查。

3．养护后的质量检查

养护后的质量检查包括混凝土拆模后的外观检查和强度检查。

1）外观检查

混凝土结构构件拆模后，应从外观上检查其表面有无麻面、蜂窝、露筋、裂缝、孔洞等缺陷，预留洞孔道是否通畅，应由监理（建设）单位、施工单位等各方根据其对结构性能和使用功能影响的严重程度，按表 6-8 确定。

表 6-8　现浇结构外观质量缺陷

名　称	现　象	严重缺陷	一般缺陷
露筋	构件内钢筋未被混凝土包裹而外露	纵向受力钢筋有露筋	其他钢筋有少量露筋
蜂窝	混凝土表面缺少水泥砂浆而形成石子外露	构件主要受力部位有蜂窝	其他部位有少量蜂窝
孔洞	混凝土中孔穴深度和长度均超过保护层厚度	构件主要受力部位有孔洞	其他部位有少量孔洞
夹渣	混凝土中夹有杂物且深度超过保护层厚度	构件主要受力部位有夹渣	其他部位有少量夹渣
疏松	混凝土中局部不密实	构件主要受力部位有疏松	其他部位有少量疏松
裂缝	缝隙从混凝土表面延伸至混凝土内部	构件主要受力部位有影响结构性能或使用功能的裂缝	其他部位有少量不影响结构性能或使用功能的裂缝
连接部位缺陷	构件连接处混凝土缺陷及连接钢筋、连接件松动	连接部位有影响结构传力性能的缺陷	连接部位有基本不影响结构传力性能的缺陷
外形缺陷	缺棱掉角、棱角不直、翘曲不平、飞边凸肋等	清水混凝土构件有影响使用功能或装饰效果的外形缺陷	其他混凝土构件有不影响使用功能的外形缺陷
外表缺陷	构件表面麻面、掉皮、起砂、沾污等	具有重要装饰效果的清水混凝土表面有外表缺陷	其他混凝土构件有不影响使用功能的外表缺陷

现浇结构拆模后,应由监理(建设)单位、施工单位对外观质量和尺寸偏差进行检查,做出记录,并应及时按施工技术方案对缺陷进行处理。

现浇结构拆模后的尺寸偏差项目包括:轴线位置;垂直度(层高、全高);标高(层高、全高);截面尺寸;电梯井[井筒长、宽对定位中心线,井筒全高(H)垂直度];预埋设施中心线位置;预留洞中心线位置。

2)混凝土强度检查

(1)试件取样规定:在混凝土结构施工中,用于检查结构构件混凝土强度的试件留置组数应符合下列规定:

① 每拌制100盘且不超过100 m³的同配合比的混凝土,取样不得少于一次。

② 每工作班拌制的同配合比的混凝土不足100盘时,取样不得少于一次。

③ 当一次连续浇筑超过1 000 m³时,同一配合比的混凝土每200 m³取样不得少于一次。

④ 每一楼层、同一配合比的混凝土,取样不得少于一次。

⑤ 每次取样应至少留置一组标准养护试件。用于结构实体检验的同条件养护试件的留置组数应根据实际需要确定,同一强度等级的同条件养护试件,不宜少于10组,且不应少于3组;当试件达到等效养护龄期时,方可对同条件养护试件进行强度实验,等效养护龄期可取按日平均温度逐日累计达到6 000 ℃·d时所对应的龄期(0 ℃及以下的龄期不计入;等效养护龄期不应小于14 d,也不宜大于60 d)。

对于有抗渗要求的混凝土结构,其混凝土试件应在浇筑地点随即取样,浇筑量500 m³以下时,应留置两组(12块)抗渗试块,每增加250~500 m³,应增加两组(12块)抗渗试块。

试件制作要点:

在监理方见证下,从搅拌车1/4~3/4处随机抽样,其拌量不少于0.02 m³,取样后用铁锹翻拌3次,分两层入模,插捣应按螺旋方向从边缘到中间均匀进行,捣棒应达到试模底部;插捣上层时,捣棒应贯穿上层后插入下层20~30 mm,每层插捣次数约为27次,并用橡皮锤轻轻敲击试模四周,直到捣棒留下的空洞消失为止,并用抹刀沿试模内避插拔数次。捣棒应垂直插入,不得倾斜。

(2)试件强度取值:每组3个试件应在同盘混凝土中取样制作,并按下列规定确定该组试件的混凝土强度的代表值。

① 取3个试件强度的算术平均值。

② 当3个试件强度中的最大值或最小值与中间值之差超过中间值的15%时,取中间值。

③ 当3个试件强度中的最大值和最小值与中间值之差均超过15%时,该组试件不应作为强度评定的依据。

4．混凝土质量缺陷

1）缺陷分类及其产生原因

（1）麻面。

麻面是结构构件表面呈现无数的小凹点，而尚无钢筋暴露的现象。它是由于模板内表面粗糙、未清理干净、润湿不足；模板拼缝不严密而漏浆；混凝土振捣不密实，气泡未排出以及养护不好所致。

（2）露筋。

露筋即钢筋沿有被混凝土包裹而外露。主要是由于绑扎钢筋或安装钢筋骨架时未放垫块或垫块位移、钢筋位移、结构断面较小、钢筋过密等使钢筋紧贴模板，以致混凝土保护层厚度不够所致。有时也因混凝土结构物缺边、掉角而露筋。

（3）蜂窝。

蜂窝是混凝土表面无水泥砂浆，露出石子的深度大于 5 mm，但小于保护层厚度的蜂窝状缺陷。它主要是由于混凝土配合比不准确（浆少石多），或搅拌不匀、浇筑方法不当、振捣不合理，造成砂浆与石子分离；模板严重漏浆等原因而产生。

（4）孔洞。

孔洞是指混凝土结构存在着较大的孔隙，局部或全部无混凝土。它是由于骨料粒径过大、钢筋配置过密导致混凝土下料中被钢筋挡住；或混凝土流动性差，混凝土分层离析，混凝土振捣不实；或混凝土受冻、混凝土中混入泥块杂物等所致。

（5）缝隙及夹层。

缝隙及夹层是施工缝处有缝隙或夹有杂物。它因施工缝处理不当以及混凝土中含有垃圾杂物所致。

（6）缺棱、掉角。

缺棱、掉角是指梁、柱、板、墙以及洞口的直角边上的混凝土局部残损掉落。产生的主要原因是混凝土浇筑前模板未充分润湿，使棱角处混凝土中水分被模板吸去而水化不充分，引起强度降低，拆模时则棱角损坏；另外，拆模过早或拆模后保护不善，也会造成棱角损坏。

（7）裂缝。

裂缝有温度裂缝、干缩裂缝和外力引起的裂缝三种。其产生的原因主要是：结构和构件下的地基产生不均匀沉降；模板、支撑没有固定牢固；拆模时混凝土受到剧烈振动；环境或混凝土表面与内部温差过大；混凝土养护不良及其中水分蒸发过快等。

2）缺陷处理

（1）表面抹浆修补。

对数量不多的小蜂窝、麻面、露筋、露石的混凝土表面，可用钢丝刷或加压水洗刷基层，再用 1∶2～1∶2.5 的水泥砂浆填满抹平，抹浆初凝后要加强养护。当表面裂缝较细，数量不多时，可将裂缝用水冲洗并用水泥浆抹补；对宽度和深度较大的裂缝，应将裂缝附近的混凝土表面凿毛或沿裂缝方向凿成深为 15～20 mm，宽为 100～200 mm 的 V 形凹槽，扫净并洒水润湿，先刷水泥浆一层，然后用 1∶2～1∶2.5 的水泥砂浆涂抹 2～3 层，总厚度控制在 10～20 mm，并压实抹光。

（2）细石混凝土填补。

当蜂窝比较严重或露筋较深时，应按其全部深度凿去薄弱的混凝土和个别突出的骨料颗粒，然后用钢丝刷或加压水洗刷表面，再用比原混凝土强度等级提高一级的细石混凝土填补并仔细捣实。

对于孔洞，可在混凝土表面采用施工缝的处理方法：将孔洞处不密实的混凝土和突出的石子剔除，并将洞边凿成斜面，以避免死角，然后用水冲洗或用钢丝刷刷清，充分润湿 72 h 后，浇筑比原混凝土强度等级高一级的细石混凝土。细石混凝土的水灰比宜在 0.5 以内，并掺入水泥用量万分之一的铝粉（膨胀剂），用小振捣棒分层捣实，然后进行养护。

（3）化学注浆修补。

当裂缝宽度在 0.1 mm 以上时，可用环氧树脂注浆修补。修补时先用钢丝刷清除混凝土表面的灰尘、浮渣及散层，使裂缝处保持干净，然后把裂缝用环氧砂浆密封表面，做出一个密闭空腔，有控制的留置注浆口及排口，借助压缩空气把浆液压入缝隙，使之充满整个裂缝。压注浆液与混凝土有很佳的粘结作用，使修补处具有很好的强度和耐久性，对 0.05 mm 以上的细微裂缝，可用甲凝修补。

做为防渗堵漏用的注浆材料，常用的有丙凝（能压注入 0.01 mm 以上的裂缝）和聚氨酯（能压注入 0.015 mm 以上的裂缝）等。

对混凝土强度严重不足的承重构件必须拆除返工。对强度不足但经设计单位验算同意，可不拆除，或根据混凝土实际强度提出加固处理方案，但其所在的分部分项工程验收不得评为优良，只能评为合格。

思 考 题

1. 模板的作用及对模板的基本要求有哪些？
2. 模板设计需考虑哪些荷载？如何取值与组合？
3. 混凝土达到什么强度方可拆模？该强度如何确认？
4. 简述柱、墙、梁、楼板模板支设要点及常见质量问题。
5. 简述模板安装应满足的要求和现浇结构模板安装的允许偏差项目及模板拆除的要求。
6. 简述钢筋进场应如何进行验收。
7. 简述闪光对焊、电弧焊、电渣压力焊和闪光对焊接头的质量验收要求和规定。

8. 简述钢筋连接的类型和有关规定。

9. 简述滚轧直螺纹连接质量检查要点。

10. 简述钢筋焊接常见的质量通病有哪些。

11. 设弯心直径为 D，钢筋直径为 d，图示说明 90°弯曲的弯曲调整值计算公式和 135°弯钩增加长度的计算公式。

12. 简述抗震框架柱的连接及柱顶纵向钢筋构造及框架梁支座的锚固要求。

13. 简述柱、墙、梁、板钢筋绑扎安装的要点和常见质量问题有哪些。

14. 钢筋代换方法及其适用范围如何？代换时应注意哪些问题。

15. 简述钢筋隐蔽工程验收的主要内容及验收要点。

16. 简述混凝土原材料的质量要求。

17. 影响混凝土搅拌质量的因素有哪些？

18. 混凝土浇筑前应做哪些准备工作？

19. 对混凝土浇筑有哪些基本要求？混凝土浇筑要点有哪些？

20. 什么是混凝土施工缝？留设位置如何确定？留设方法与处理要求如何？

21. 混凝土插入式振捣要点有哪些？

22. 混凝土养护包括哪些？什么是自然养护？有哪些具体做法与要求？

23. 厚大体积混凝土的浇筑方案及浇筑强度如何确定？如何防止开裂？

24. 混凝土质量检查的主要内容及要求有哪些？

25. 计算图 6-10 所示梁的钢筋下料长度（抗震结构），绘制出配料单。

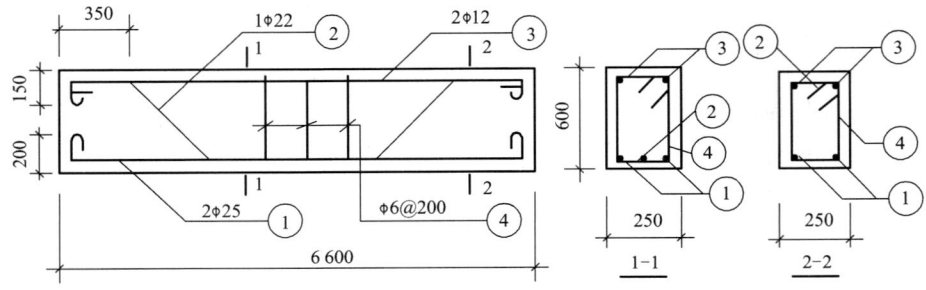

图 6-10　某简支梁配筋

26. 某高层建筑的基础底板长 25 m，宽 14 m，深 1.2 m，采用 C25 混凝土，要求连续浇筑，不留施工缝。现场搅拌站设 3 台 375L 搅拌机，每台实际生产率为 5 m³/h，混凝土运输时间为 25 min，混凝土温度为 25 ℃，气温为 27 ℃，每层浇筑厚度定为 60 cm，试求：

（1）确定混凝土浇筑方案（提示：初凝时间的取值，除应考虑计算值，还需满足混凝土浇筑允许间歇时间）。

（2）计算正常情况下浇筑所用时间。

【案例题】

1. 某钢筋混凝土墙体高 2.7 m，厚为 0.18 m。施工时采用塔式起重机吊 0.8 m³。的吊斗运输浇灌，浇筑速度为 3 m/h，混凝土坍落度 50～70 mm，不掺外加剂，混凝土温度为 20 ℃。求：

（1）混凝土对模板的最大侧压力及侧压力分布图形。

（2）进行墙体模板强度设计时的荷载取值。

2. 对图 6-11 进行钢筋抽料，计算各种钢筋的下料长度并编制料单。工程概况：$KL_1(1)$ 如图所示，混凝土强度等级 C30，框架柱尺寸 600×600，结构抗震等级为三级抗震，框架柱主筋按 Φ22 计。

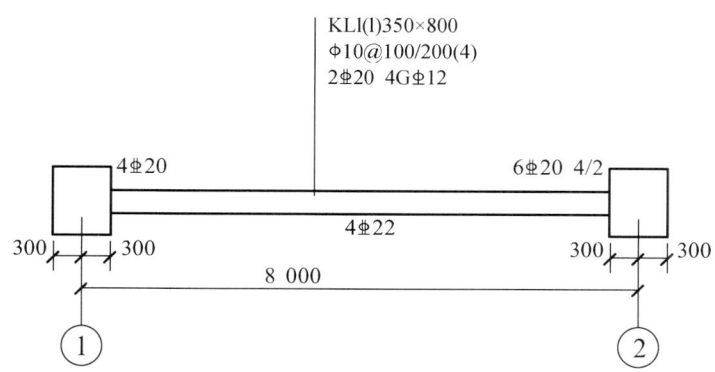

图 6-11 某框架梁平法配筋

3. 混凝土工程综合案例题

（1）概况：

某五层现浇钢筋混凝土框架结构，标准层平面如图 6-12。柱的断面尺寸为 500 mm×500 mm，梁为 250 mm×600 mm，板厚 150 mm；柱混凝土为 C35，梁板混凝土为 C20；层高为 3.6 m。

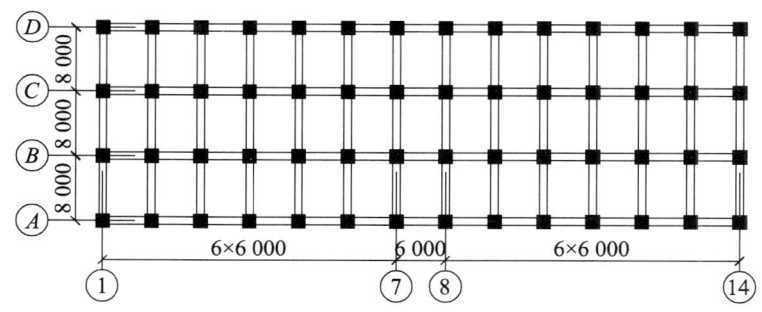

图 6-12 某框架结构平面布置

每层拟分两段施工，施工顺序为：扎柱筋—支柱模—浇筑混凝土—支梁底模—扎梁筋—支梁侧模、板底模—扎板筋—浇梁、板混凝土—养护—上一层（同前）。混凝土采用现场搅拌，塔吊运输。C35 混凝土的试验配比为 1∶1.85∶3.55，水灰比 0.55，水泥用量为 385 kg/m³；C25 混凝土试验配比为 1∶2.12∶3.88，水灰比 0.58，水泥用量为 350 kg/m³。测得现场砂石含水率为 3% 和 2%，其梁板混凝土试块试验结果见表 6-9。

（2）试完成以下内容：

① 选择搅拌机的型号，计算施工配比及每盘配料量；② 试确定每层的施工顺序和柱、梁板施工缝的位置，留、接槎的方法和要求；③ 提出各构件的浇筑顺序与要求；④ 养护方

法与要求。⑤ 评定梁板混凝土是否合格。

表 6-9 某工程梁板混凝土试压数据

编号	压力		
	试块1压力/kN	试块1压力/kN	试块1压力/kN
1	460	490	475
2	380	430	455
3	500	510	465
4	510	430	350
5	475	465	440
6	480	430	465
7	450	453	467
8	460	385	455
9	420	435	418
10	455	450	453
11	425	475	485
12	460	475	490

4. 某宾馆建筑大厅部分 16 层，两翼 13 层，建筑面积 11 620 m²，大厅部分主体为框剪结构，两翼为剪力墙结构，外墙板为大模板住宅通用构件，内墙为 C20 钢筋混凝土。工程竣工后，检测发现下列部位混凝土强度达不到要求：

（1）七层有 6 条轴线的墙体混凝土 28 天试块强度为 12.40 N/mm²，至 80 天后取墙体混凝土芯一组，其抗压强度分别为 9.03 N/mm²，12.15 N/mm²，13.02 N/mm²。

（2）十层有 6 条轴线的墙柱的混凝土 28 天试块强度为 13.25 N/mm²，至 60 天后取墙柱混凝土芯一组，其抗压强度分别为 10.08 N/mm²，11.66 N/mm²，12.26 N/mm²，除这条轴线上的混凝土强度不足外，该层其他构件也有类似问题。

问题：

（1）造成该工程混凝土强度不足的原因可能有哪些？

（2）为避免该工程出现的混凝土强度不足，在施工过程中浇注混凝土时应符合哪些要求？

（3）在检查结构构件混凝土强度时，试件的取样与留置应符合哪些规定？

第三部分

其他分部分项工程施工

单元 7　防水工程施工

从建筑使用角度来看，建筑质量的好坏我们主要是从表观装饰质量及屋面、楼层及地下室防水质量来判断建筑的施工质量。防水工程的质量将会严重影响到后期建筑的使用效果及外观效果。

故掌握屋面防水及楼层防水施工的施工工艺是本单元主要任务。

项目 1　屋面防水工程施工

建筑屋面防水的原则是"以排为主，防排结合"，根据排水坡度分为平屋面和坡屋面两类，排水组织方式分为有组织排水和无组织排水。根据建筑物的性质、重要程度、使用功能要求，建筑屋面防水等级分为Ⅰ、Ⅱ、Ⅲ、Ⅳ级，防水层合理使用年限分别规定为 25 年、15 年、10 年、5 年，根据不同的屋面防水等级和防水层合理使用年限，分别选用高、中、低档防水材料，进行一道或多道设防，作为设计人员进行屋面工程设计时的依据。

根据防水层材料不同，主要分为卷材防水屋面、涂膜防水屋面和刚性防水屋面。

任务 1　卷材防水屋面施工

卷材防水屋面的防水层是用胶粘剂将防水卷材逐层粘贴在找平层的表面而成的，属于柔性防水层。其特点是防水层的柔韧性较好，能适应一定程度的结构振动和胀缩变形，但卷材易老化、易起鼓、耐久性差、施工工序多、工效低，产生渗漏水时，修补较困难。

卷材防水屋面包括保温层、找平层、卷材防水层、细部构造四个分项工程。构造层次依次为：钢筋混凝土承重层→隔气层→保温层→找平层 – 基层处理剂结合层→卷材防水层→保护层，具体施工时，包括哪些层次应根据设计要求而定。

1. 卷材防水屋面常用材料

1）卷　材

主要有沥青防水卷材、高聚物改性沥青防水卷材和合成高分子防水卷材三大系列。

（1）沥青防水卷材：沥青防水卷材是指将原纸、织物纤维、纤维毡等胎体材料浸渍于沥青中，然后在其表面撒布云母片等材料制成的可卷曲的片状防水材料。常用的沥青防水卷材有石油沥青纸胎卷材、石油沥青玻纤胎卷材、石油沥青麻布胎卷材等。这类卷材低温时柔性较差，防水耐用年限短。

（2）高聚物改性沥青防水卷材：高聚物改性沥青防水卷材是指以合成高分子聚合物改性沥青为涂盖层，用纤维织物或纤维毡为胎体，以粉状、片状为覆面材料制成的可卷曲的防水材料。常用的有 SBS 改性沥青防水卷材、APP 改性沥青防水卷材、再生胶改性沥青防水卷材、PVC 改性沥青防水卷材等。该类卷材具有较好的低温柔性和延伸率，抗拉强度好，可单层铺贴。

（3）合成高分子防水卷材：合成高分子防水卷材是指以合成橡胶、合成树脂或两者的混合体为基料，加入适量的化学助剂和填充料，经混炼、压延或挤出等工序加工而成的可卷曲片状防水材料。常用的有三元乙丙橡胶防水卷材、丁基橡胶防水卷材、聚氯乙烯防水卷材、氯化聚乙烯防水卷材等。此类卷材具有良好的低温柔性和适应基层变形的能力，耐久性好，使用年限较长，一般为单层铺贴。

2）基层处理剂

防水层施工之前，预先涂刷在基层上的涂料称为基层处理剂。基层处理剂是为了增强防水材料与基层之间的粘结力。

不同种类的卷材应选用与其材性相容的基层处理剂。沥青防水卷材用的基层处理剂可选用冷底子油；高聚物改性沥青防水卷材用的基层处理剂可选用氯丁胶沥青乳液、橡胶改性沥青溶液和冷底子油等材料；合成高分子防水卷材用的基层处理剂可选用聚氨酯二甲苯溶液、氯丁橡胶溶液和氯丁胶沥青乳液等材料。

3）胶粘剂

防水卷材用的胶粘剂，选用时应与所用卷材的材性相容。粘贴沥青防水卷材，可选用沥青胶。粘贴高聚物改性沥青防水卷材时，可选用橡胶或再生橡胶改性沥青的汽油溶液或水乳液作胶粘剂，应检验其粘接剥离强度。粘贴合成高分子防水卷材时，可选用以氯丁橡胶和丁酚醛树脂为主要成分的胶粘剂，或以氯丁橡胶乳液制成的胶粘剂，应检验粘结剥离强度和浸水 168 h 粘结剥离强度保持率等。

2．找平层施工

找平层是防水层基层，可采用 1∶2.5~1∶3（水泥、砂体积比）的水泥砂浆、1∶8 沥青砂浆（沥青、砂质量比）或强度等级不低于 C20 的细石混凝土。砂浆的厚度一般为 20~25 mm，细石混凝土厚度为 30~35 mm。其基本要求：

（1）找平层的基层采用装配式钢筋混凝土板时，板端、侧缝应用 C20 细石混凝土灌缝；板缝宽大于 40 mm 或上窄下宽时，板缝内应设置构造钢筋；板端缝应进行密封处理。

（2）找平层的排水坡度应符合设计要求。平屋面采用结构找坡不应小于 3%，采用材料找坡宜为 2%；天沟、檐沟纵向找坡不应小于 1%，沟底水落差不得超过 200 mm。

（3）找平层宜设分格缝，并嵌填密封材料。分格缝应留设在板端缝处，其纵横缝的最大间距：水泥砂浆或细石混凝土找平层，不宜大于 6 m；沥青砂浆找平层，不宜大于 4 m。

（4）基层与突出屋面结构（女儿墙、山墙、天窗壁、变形缝、烟囱等）的交接处和基层的转角处，找平层均应做成圆弧形。沥青防水卷材圆弧半径为100～150mm，高聚物改性沥青防水卷材圆弧半径为50mm，合成高分子防水卷材圆弧半径为20mm。

3．卷材防水层施工

卷材防水层的施工流程：基层表面清理、修整→喷、涂基层处理剂→节点附加层处理→定位、弹线、试铺→铺贴卷材→收头处理、节点密封→保护层施工。

1）基层处理

检查基层质量是否符合规定和设计要求，并进行清理、清扫。若存在凹凸不平、起砂、起皮、裂缝、预埋件固定不牢等缺陷，应及时进行修补。检查基层干燥度是否符合要求，干燥程度的简易检验方法是用1m²卷材平坦地干铺在找平层上，静置3～4h后掀开检查，找平层覆盖部位与卷材上未见水印即可铺设。

2）喷、涂基层处理剂

用长把滚刷均匀涂刷于基层表面上，要求涂刷均匀，厚薄一致，不能漏刷、露底，干燥后（常温经过4h），开始铺贴卷材。

3）节点附加层处理

节点即细部构造，是屋面工程中最容易出现渗漏的薄弱环节。据调查表明，在渗漏的屋面工程中，70%以上是节点渗漏。主要包括天沟、泛水、水落口、管根、檐口、阴阳角等处，在节点处首先铺贴1～2层卷材附加层，附加的范围应符合设计和屋面工程技术规范的规定。

（1）天沟、檐沟防水构造：

在天沟、檐沟与屋面交接处空铺宽度不应小于200mm的附加层；对外檐封口的防水层应收头固定密封，上面用水泥砂浆抹压。见图7-1。

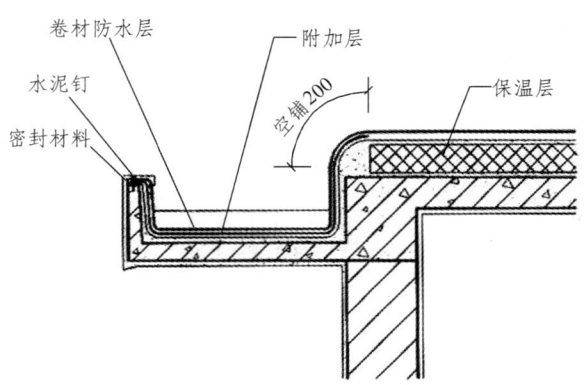

图7-1 檐沟防水构造示意图

（2）泛水防水构造：

铺贴泛水处的卷材应采用满粘法。墙体为砖墙时，卷材收头可直接铺至女儿墙压顶下，用压条钉压固定并用密封材料封闭严密，压顶应做防水处理（图 7-2①）；卷材收头也可压入砖墙凹槽内固定密封，凹槽距屋面找平层高度不应小于 250 mm，凹槽上部的墙体应做防水处理（图 7-2②）。墙体为混凝土时，卷材收头可采用金属压条钉压，并用密封材料封固（图 7-2③）。

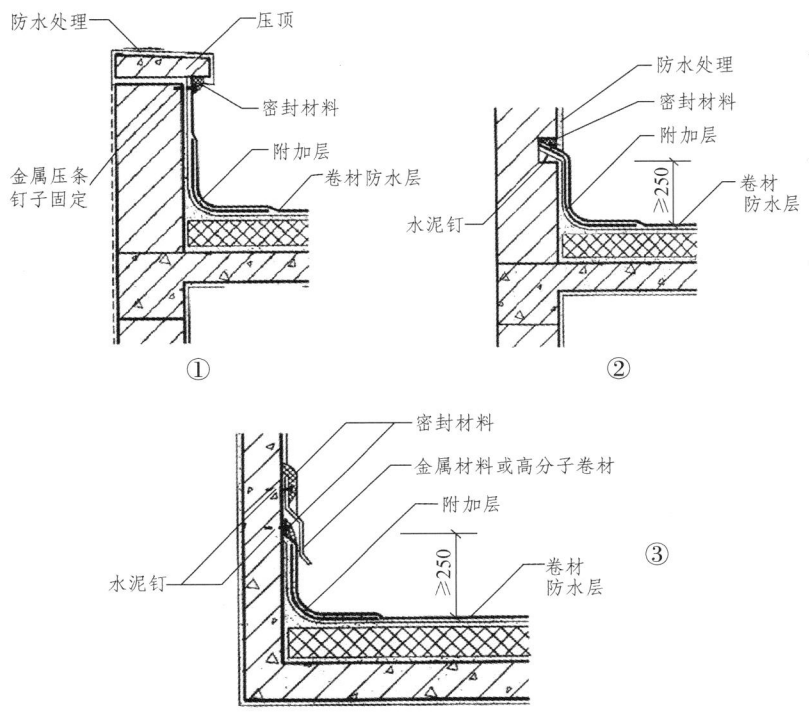

图 7-2 泛水防水构造示意图

（3）变形缝防水构造：

变形缝处的泛水高度不小于 250 mm，变形缝内宜填充泡沫塑料，上部填放衬垫材料，并用卷材封盖，顶部应加扣混凝土盖板或金属盖板。见图 7-3。

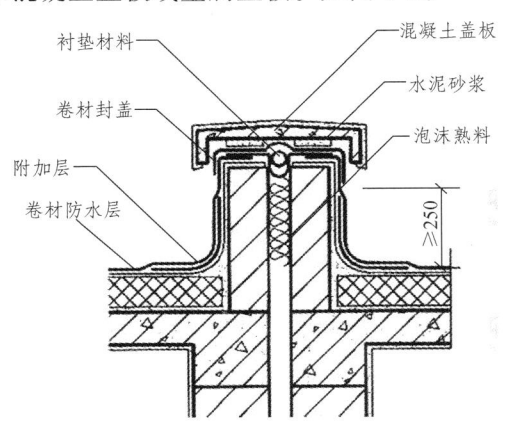

图 7-3 变形缝防水构造示意图

（4）水落口防水构造：

水落口埋设标高，应考虑水落口设防时增加的附加层和柔性密封层的厚度及排水坡度加大的尺寸；水落口周围直径500 mm范围内坡度不应小于5%，并应用防水涂料涂封，其厚度不应小于2 mm。水落口与基层接触处，应留宽20 mm、深20 mm凹槽，嵌填密封材料（图7-4①、②）。

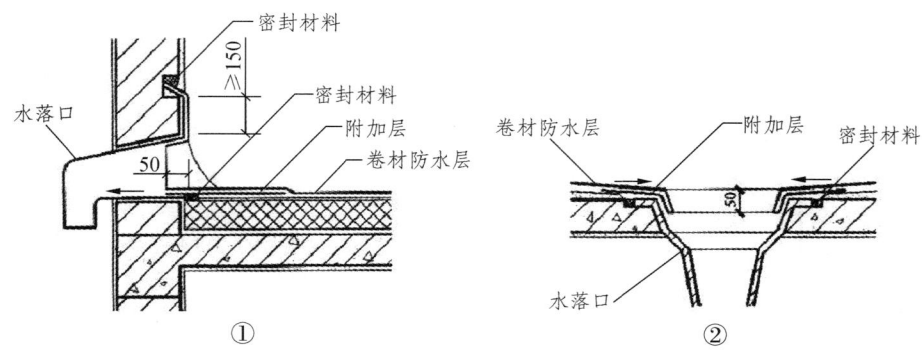

图 7-4 水落口防水构造示意图

（5）伸出屋面管道防水构造：

管道根部直径500 mm范围内，找平层应抹出高度不小于30 mm的圆台，管道与找平层间应留20 mm×20 mm凹槽，并嵌填密封材料；防水层收头处应用金属箍箍紧，并用密封材料填严。见图7-5。

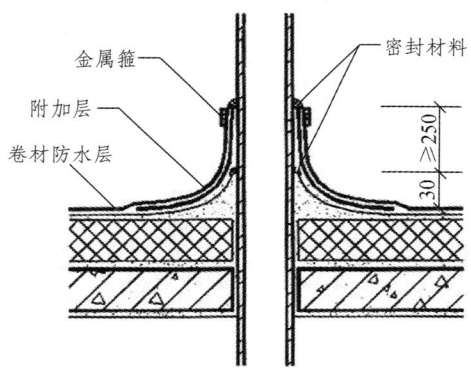

图 7-5 伸出屋面管道防水构造示意图

4）卷材铺贴方法

卷材铺贴方法包括：冷粘法（在常温下采用胶粘剂等材料进行卷材与基层、卷材与卷材间粘结的施工方法）、热熔法（采用火焰加热熔化热熔型防水卷材底层的热溶胶进行粘结的施工方法）、自粘法（采用带有自粘性胶的防水卷材进行粘结的施工方法）和热风焊接法（采用热空气焊枪进行防水卷材搭接粘合的施工方法，只适用于合成高分子卷材）。

其中最常用的为冷粘法（适用于所有卷材）和热熔法（只适用于高聚物改性沥青防水卷材），冷粘法按粘贴方法又分为：

（1）满粘法：卷材与基层全部粘结的施工方法，适用于屋面面积小、屋面结构变形不大且基层较干燥的情况。

（2）空铺法：卷材与基层仅在四周一定宽度内粘结，其余部分不粘结的施工方法。

（3）条粘法：要求每幅卷材与基层的粘结面不得少于两条，每条宽度不应小于150 mm。

（4）点粘法：要求每平方米面积内至少有5个粘结点，每点面积不小于100 mm×100 mm。

卷材防水层上有重物覆盖或基层变形较大时，应优先采用空铺法、点粘法、条粘法，但距屋面周边800 mm内以及叠层铺贴的各层卷材之间应满粘。立面或大坡面铺贴防水卷材时，应采用满粘法。

5）铺贴大面积卷材

（1）铺设方向：应根据屋面坡度和屋面是否有振动来确定。当屋面坡度小于3%时，卷材宜平行于屋脊铺贴；屋面坡度为3%～15%时，卷材可平行或垂直于屋脊铺贴；屋面坡度大于15%或屋面受振动时，沥青防水卷材应垂直于屋脊铺贴。上下层卷材不得相互垂直铺贴。卷材屋面的坡度不宜超过25%，当坡度超过25%时应采取防止卷材下滑的措施。

（2）施工顺序：同一屋面铺贴时先做好节点、附加层和屋面排水比较集中等部位的处理，然后由屋面最低处向上进行。铺贴天沟、檐沟卷材时，宜顺天沟、檐沟方向，减少卷材的搭接。多跨和有高低跨的屋面时，应按先高后低、先远后近的顺序进行。

（3）搭接方法及宽度要求：上下层及相邻两幅卷材的搭接缝应错开。平行于屋脊的搭接缝，应顺流水方向搭接；垂直于屋脊的搭接缝，应顺年最大频率风向搭接。叠层铺贴的各层卷材，在天沟与屋面的交接处，应采用叉接法搭接，搭接缝应错开；搭接缝宜留在屋面或天沟侧面，不宜留在沟底。

搭接宽度根据卷材的分类和粘贴方法不同，高聚物改性沥青防水卷材、成高分子防水卷材采用满粘法的短边搭接宽度为80 mm，长边搭接宽度为100 mm。

（4）冷粘法施工要点：

① 胶粘剂涂刷应均匀，不露底，不堆积。卷材空铺、点粘、条粘时，应按规定的位置及面积涂刷胶粘剂。

② 根据胶粘剂的性能，应控制胶粘剂涂刷与卷材铺贴的间隔时间。

③ 铺贴的卷材下面的空气应排尽，并辊压粘结牢固。

④ 铺贴卷材应平整顺直，搭接尺寸准确，不得扭曲、皱折。

⑤ 接缝口应用密封材料封严，宽度不应小于10 mm。

（5）热熔法施工要点：

① 火焰加热器加热卷材应均匀，不得过分加热或烧穿卷材。

② 卷材表面热熔后应立即滚铺卷材，卷材下面的空气应排尽，并辊压粘结牢固，不得空鼓。

③ 卷材接缝部位必须溢出热熔的改性沥青胶。

④ 铺贴的卷材应平整顺直，搭接尺寸准确，不得扭曲、皱折。

（6）严禁在雨天、雪天施工；五级风及其以上时不得施工；环境气温低于5 ℃时不宜施工。

4. 保护层施工

卷材在冷热交替作用下会伸长和收缩，同时在阳光、空气、水分等长期作用下，沥青胶结材料会不断老化，应采用保护层提高防水层寿命。上人屋面保护层包括：水泥砂浆保护层、细石混凝土保护层（刚性保护层）和块体材料保护层；不上人屋面保护层有：绿豆砂、云母或蛭石保护层和浅色涂料保护层。其质量要求为：

（1）绿豆砂保护层：绿豆砂应清洁、预热、铺撒均匀，并使其与沥青玛琋脂粘结，不得未粘结的绿豆砂。

（2）细砂、云母及蛭石保护层不得有粉料，撒铺应均匀，不得露底，多余的云母或蛭石应清除。

（3）水泥砂浆保护层的表面应抹平压光，并设表面分格缝，分格面积宜为 36 m^2。

（4）块体材料保护层应留设分格缝，分格面积不宜大于 100 m^2，分格缝宽度不宜小于 20 mm。

（5）细石混凝土保护层，混凝土应密实，表面抹平压光，并留设分格缝，分格面积不大于 36 m^2。

（6）浅色涂料保护层应与卷材粘结牢固，厚薄均匀，不得漏涂。

（7）水泥砂浆、块材或细石混凝土保护层与防水之间应设置隔离层。

（8）刚性保护层与女儿墙、山墙之间应预留宽度为 30 mm 的缝隙，并用密封材料嵌填严密。

任务2　涂膜防水屋面施工

涂膜防水屋面是在屋面基层上涂刷防水涂料，经固化后形成一层有一定厚度和弹性的整体涂膜从而达到防水目的的一种防水屋面形式。这种屋面具有施工操作简便，无污染，冷操作，无接缝，能适应复杂基层，防水性能好，温度适应性强，容易修补等特点。

1．涂膜防水屋面常用材料

1）防水涂料

（1）高聚物改性沥青防水涂料：

以沥青为基料，由合成高分子聚合物进行改性，配制而成的水乳型或溶剂型防水涂料，称为高聚物改性沥青防水材料。常用的有水乳型阳离子氯丁胶乳改性沥青防水涂料、溶剂型氯丁胶改性沥青防水涂料、再生胶改性沥青防水涂料、SBS（APP）改性沥青防水涂料等。

（2）合成高分子防水涂料：以合成橡胶或合成树脂为主要成膜物质，配制成的水乳性或溶剂型防水涂料，称为合成高分子防水涂料。常用的有聚合物水泥防水涂料、丙烯酸酯防水涂料、单组分（双组分）聚氨酯防水涂料等。

防水涂料的物理性能实验项目包括：固体含量、耐热度、柔性、不透水性、延伸率。

2）胎体增强材料

在涂膜防水层中增强用的聚酯无纺布、化纤无纺布等材料，用胎体增强节点适应变形能力和涂膜防水层的抗裂性能。其物理性能实验项目包括：拉力、延伸率。

2．涂膜防水施工

涂膜防水施工的一般工艺为：基层表面清理→喷涂基层处理剂（底涂料）→节点附加增

强处理→涂布防水涂料（共 3 遍）+ 铺贴胎体增强材料（第 2 遍时）→收头密封处理。

（1）涂刷基层处理剂。基层表面清理同卷材防水层。对于溶剂型防水涂料可用相应的溶剂稀释后使用，以利于渗透。先对屋面节点、周边、拐角等部位进行涂布，然后再大面积涂布。注意均匀涂布、厚薄一致，不得漏涂，以增强涂层与找平层间的粘结力。

（2）节点附加增强处理。天沟、檐沟、檐口、泛水等节点部位，先在基层上涂布涂料，然后铺设胎体增强材料，宽度不小于 200 mm，上面再涂布涂料至少两遍，分格缝、变形缝、裂缝部位空铺胎体增强材料 200～300 mm。水落口、管根周围与屋面交接处留凹槽做密封处理，并铺贴两层胎体增强材料附加层，涂膜伸入水落口的深度不得小于 50 mm。

（3）涂布防水涂料、铺贴胎体增强材料。涂布防水涂料应先涂立面、节点，后涂平面。涂布时应根据防水涂料的品种分层分遍涂布，不宜一遍过厚，每遍涂布量约 0.6 kg/m²，后一遍应在前一遍干后再涂，干燥时间依环境温度和厚度而定，最长间隔 24 h，热季一般 6～8 h，每遍涂布方向应相互垂直。每遍涂布量依防水层厚度而定，涂膜厚度 1 mm 需涂料约 2.0 kg/m²。

需铺设胎体增强材料时，屋面坡度小于 15%时可平行屋脊铺设，屋面坡度大于 15%时应垂直于屋脊铺设。胎体长边搭接宽度不应小于 50 mm，短边搭接宽度不应小于 70 mm。采用二层胎体增强材料时，上下层不得相互垂直铺设，搭接缝应错开，其间距不应少于幅度的 1/3。

铺设胎体增强材料应在涂布第二遍涂料的同时或在第三遍涂料涂布前进行。前者为湿铺法，即：边涂布防水涂料边铺展胎体增强材料边用滚刷均匀滚压，后者为干铺法，即：在前一遍涂层成膜后，直接铺设胎体增强材料，并在其已展平的表面用橡胶刮板均匀满刮一遍防水涂料。根据设计要求可按前面所叙的方法铺贴第二层或第三层胎体增强材料，最后表面加涂一遍防水涂料，胎体上涂膜厚度不应小于 1.0 mm。

（4）收头密封处理。所有涂膜收头均应采用防水涂料多遍涂刷密实或用密封材料压边封固，压边宽度不得小于 10 mm；收头处的胎体增强材料应裁剪整齐，如有凹槽应压入凹槽，不得有翘边、皱折、露白等缺陷。

任务 3 刚性防水屋面

刚性防水屋面是指用细石混凝土等刚性材料作屋面防水层，包括普通细石混凝土防水层和补偿收缩混凝土防水层。其构造层次依次为：钢筋混凝土承重层→隔离层→刚性防水层。

由于刚性防水材料的表观密度大、抗拉强度低、极限拉应变小，常因混凝土的干缩变形、温度变形及结构变形而产生裂缝。因此，对于屋面防水等级为 Ⅱ 级及其以上的重要建筑，只有在刚性与柔性防水材料结合做两道防水设防时方可使用。细石混凝土防水层所用材料易得、耐穿刺能力强、耐久性能好，维修方便，所以在 Ⅲ 级屋面中推广应用较为广泛。为了解决细石混凝土防水层裂缝问题，除采取设分格缝等构造措施外，还可加入膨胀剂拌制补偿收缩混凝土。对于混凝土防水层的基层，因松散材料保温层强度低、压缩变形大，易使混凝土防水层产生受力裂缝，故不得在松散材料保温层上做细石混凝土防水层。至于受较大震动或冲击的屋面，易使混凝土产生疲劳裂缝；当屋面坡度大于15%时，混凝土不易震捣密实，所以均不能采用细石混凝土防水层。

1. 材料要求

宜采用普通硅酸水泥或硅盐水泥，不得使用火山灰质水泥（干缩率大、易开裂），当采用矿渣硅酸盐水泥（泌水性大、抗渗性能差）时，应采用泌水性的措施。粗骨料的最大粒径不宜大于15 mm，含泥量不应大于1%；细骨料应采用中砂或粗砂，含泥量不应大于2%。混凝土水灰比不应大于0.55；每立方米混凝土水泥用量不得少于330 kg，含砂率宜为35% ~ 40%；灰砂比宜为1∶2 ~ 1∶2.5；混凝土强度等级不应低于C20。为了改善普通细石混凝土的防水性能，提倡在混凝土中加入膨胀剂、减水剂、防水剂等外加剂，但应注意外加剂掺量。

2. 刚性防水层施工

（1）隔离层施工：在结构层与防水层之间宜增加一层低强度等级砂浆、卷材、塑料薄膜等材料，起隔离作用，使结构层和防水层变形互不受约束，以减少防水混凝土产生拉应力而导致混凝土防水层开裂。

① 粘土砂浆（或石灰砂浆）隔离层施工预制板缝填嵌细石混凝土后，板面应清扫干净，洒水湿润，但不得积水，将按石灰膏∶砂∶粘土 = 1∶2.4∶3.6（或石灰膏∶砂 = 1∶4）配制的材料拌和均匀，砂浆以干稠为宜，铺抹的厚度一般为10 ~ 20 mm，要求表面平整、压实、抹光，待砂浆基本干燥后。方可进行下道工序施工。

② 卷材隔离层施工用1∶3水泥砂浆将结构层找平，并压实抹光养护，再在干燥的找平层上铺一层3 ~ 8 mm干细砂滑动层，在其上铺一层卷材，搭接缝用热沥青胶胶结。也可以在找平层上直接铺一层塑料薄膜。

做好隔离层后继续施工时，要注意对隔离层加强保护。混凝土运输不能直接在隔离层表面进行，应采取垫板等措施；绑扎钢筋时不得扎破表面，浇捣混凝土时更不能振疏隔离层。

（2）细石混凝土防水层的分格缝，应设在屋面板的支承端、屋面转折处、防水层与结构的交接处，其纵横不宜大于6 m。分格缝内应嵌密封材料。

（3）细石混凝土防水层厚度不应小于40 mm，并应配置双向钢筋网片，直径$\phi 4 \sim \phi 6$，间距为100 ~ 200 mm；在分格缝处应断开，其位置以居中偏上，保护层不应小于10 mm。

（4）细石混凝土防水层与立墙及突出屋面结构等交接处，均应做柔性密封处理。

项目2　楼层防水工程施工

楼层防水施工主要是针对室内厨房、卫生间等有明水的房间，它施工面积小，穿墙管道多，设备多，阴阳转角复杂，房间长期处于潮湿受水状态等不利条件。传统的卷材防水做法已不适应卫生间施工的特殊性，为此，通过大量的实验和实践证明，以涂膜防水代替各种卷材防水，尤其是选用高弹性的聚氨酯涂膜防水或选用弹塑性的氯丁胶乳沥青涂料防水等新材料和新工艺，可以使卫生间的地面和墙面形成一个没有接缝、封闭严密的整体防水层，从而提高其防水工程质量。

任务1　楼地面聚氨酯防水施工

聚氨酯涂膜防水材料是双组分化学反应固化型的高弹性防水涂料，多以甲、乙双组分形式使用。主要材料有聚氨酯涂膜防水材料甲组分、聚氨酯防水材料乙组分和无机铝盐防水剂等。施工用辅助材料应备有二甲苯、醋酸乙酯、磷酸等。

1. 基层处理

卫生间的防水基层必须用1：3的水泥砂浆找平，要求抹平压光无空鼓，表面要坚实，不应有起砂、掉灰现象。抹找平层时，在管道根部的周围，应使其略高于地面，在地漏的周围，应做成略低于地面的洼坑。找平层的坡度以1%～2%为宜，坡向地漏。凡遇到阴、阳角处，要抹成半径不小于10 mm的小圆弧。与找平层相连接的管件、卫生洁具、排水口等，必须安装牢固，收头圆滑，按设计要求用密封膏嵌固。基层必须基本干燥，一般在基层表面均匀泛白无明显水印时，才能进行涂膜防水层施工。施工前要把基层表面的尘土杂物彻底清扫干净。

2. 施工工艺

（1）清理基层。

需作防水处理的基层表面，必须彻底清扫干净。

（2）涂布底胶。

将聚氨酯甲、乙两组分和二甲苯按1：1.5：2的比例（质量比，以产品说明为准）配合搅拌均匀，再用小滚刷或油漆刷均匀涂布在基层表面上。涂刷量一般为0.15～0.2 kg/m²，涂刷后应干燥固化4 h以上，才能进行下道工序施工。

（3）配置聚氨酯涂膜防水涂料将聚氨酯甲、乙组分和二甲苯按1：1.5：0.3的比例配合，用电动搅拌器强力搅拌均匀备用。应随配随用，一般在2 h以内用完。

（4）涂膜防水层施工。

用小滚刷或油漆刷将已配好的防水涂料均匀涂布在底胶已干固的基层表面上。涂完第一度涂膜后，一般需固化5 h以上，在基本不粘手时，再按上述方法涂布第二、三、四度涂膜，并使后一度与前一度的涂布方向垂直。对管子根部、地漏周围以及墙转角部位，必须认真涂刷，涂刷厚度不小于2 mm。在涂刷最后一度涂膜固化前及时稀撒少许干净的粒径为2～3 mm的小豆石，使其与涂膜防水层粘结牢固，作为与水泥砂浆保护层粘结的过渡层。

（5）作好保护层。

当聚氨酯涂膜防水层完全固化和通过蓄水试验合格后，即可铺设一层厚度为15～25 mm的水泥砂浆保护层，然后按设计要求铺设饰面层。

任务2　楼地面氯丁胶乳沥青防水涂料施工

氯丁胶乳沥青防水涂料是以氯丁橡胶和沥青为基料，经加工合成的一种水乳型防水涂料。它兼有橡胶和沥青的双重优点，具有防水、抗渗、耐老化、不易燃、无毒、抗基层变形能力强等优点，冷作业施工，操作方便。

1. 基层处理

与聚氨酯涂膜防水施工要求相同。

2. 施工工艺及要点

二布六油防水层的工艺流程：基层找平处理→满刮一遍氯丁胶乳沥青水泥腻子→满刮第一遍涂料→做细部构造加强层→铺贴玻璃布，同时刷第二遍涂料→刷第三遍涂料→铺贴玻纤网格布，同时刷第四遍涂料→涂刷第五遍涂料→涂刷第六遍涂料并及时撒砂粒→蓄水试验→按设计要求做保护层和面层→防水层二次试水，验收。

在清理干净的基层上满刮一遍氯丁胶乳沥青水泥腻子，管根和转角处要厚刮并抹平整，腻子的配制方法是将氯丁胶乳沥青防水涂料倒入水泥中，边倒边搅拌至稠浆状即可刮涂于基层，腻子厚度为 2~3 mm，待腻子干燥后，满刷一遍防水涂料，但涂刷不能过厚，不得刷漏，表面均匀不流淌，不堆积，立面刷至设计标高。在细部构造部位，如阴阳角、管道根部、地漏、大便器蹲坑等分别附加一布二涂附加层。附加层干燥后，大面铺贴玻纤网格布同时涂刷第二遍防水材料，使防水涂料浸透布纹渗入下层，玻纤网格布搭接宽度不小于 100 mm，立面贴到设计高度，顺水接槎，收口处贴牢。

上述实干后（约 24 h），满刷第三遍涂料，表干后（约 4 h）铺贴第二层玻纤网格布同时满刷第四遍防水涂料。第二层玻纤布与第一层玻纤布接槎要错开，涂防水涂料时，应均匀，将布展平无折皱。上述涂层实干后，满刷第五遍、第六遍防水涂料，整个防水层实干后，可进行第一次蓄水试验，蓄水时间不少于 24 h，无渗漏才合格，然后做保护层和饰面层。工程交付使用前应进行第二次蓄水试验。

3. 质量要求

水泥砂浆找平层做完后，应对其平整度、强度、坡度和干燥度进行预检验收。防水涂料应有产品质量证明书以及现场取样的复检报告。施工完成的氯丁胶乳沥青涂膜防水层，不得有起鼓、裂纹、孔洞缺陷。末端收头部位应粘贴牢固，封闭严密，成为一个整体的防水层。做完防水层的卫生间，经 24 h 以上的蓄水检验，无渗漏水现象方为合格。要提供检查验收记录，连同材料质量证明文件等技术资料一并归档备查。

任务 3　厨房、卫生间渗漏与堵漏技术

厨房、卫生间用水频繁，防水处理不当就会发生渗漏。主要表现在楼板管道滴漏水、地面积水、墙壁潮湿渗水，甚至下层顶板和墙壁也出现滴水等现象。治理卫生间的渗漏，必须先查找渗漏的部位和原因，然后采取有效的针对措施。

1. 板面及墙面渗水

（1）原因：混凝土、砂浆施工的质量不良，存在微孔渗漏；板面、隔墙出现轻微裂缝；防水涂层施工质量不好或被损坏。

（2）堵漏措施：

① 拆除卫生间渗漏部位饰面材料，涂刷防水材料。

② 如有开裂现象，则应对裂缝先进行增强防水处理，再刷防水涂料。增强处理一般采用贴缝法、填缝法和填缝加贴缝法。贴缝法主要适用于微小的裂缝，可刷防水涂料并加贴纤维材料或布条，作防水处理。填缝法主要用于较显著的裂缝，施工时要先进行扩缝处理，将缝扩展成 15 mm×15 mm 左右的 V 形槽，清理干净后刮填嵌缝材料。填缝加贴缝法除采用填缝处理外，在缝表面再涂刷防水涂料，并粘纤维材料处理。

③ 当渗漏不严重，饰面拆除困难，也可直接在其表面刮涂透明或彩色聚氨酯防水涂料。

2．卫生洁具及穿楼板管道、排水管口等部位渗漏

（1）原因：细部处理方法欠妥，卫生洁具及管口周边填塞不严；管口连接件老化；由于振动及砂浆、混凝土收缩等原因，出现裂隙；卫生洁具及管口周边未用弹性材料处理，或施工时嵌缝材料及防水涂料粘结不牢；嵌缝材料及防水涂层被拉裂或拉离粘结面。

（2）堵漏措施：

① 将漏水部位彻底清理，刮填弹性嵌缝材料。
② 在渗漏部位涂刷防水涂料，并粘贴纤维材料增强。
③ 更换老化管口连接件。

思 考 题

1. 试述卷材屋面的组成及对材料的要求。
2. 试述找平层施工的基本要求。
3. 简述屋面防水节点的构造要求。
4. 简述卷材的铺贴方法。
5. 简述卷材的铺设方向、顺序和搭接要求。
6. 试述涂膜防水的施工要点。
7. 简述刚性防水层的施工要点。

单元 8　预应力混凝土工程施工

预应力混凝土即是在结构构件承受荷载之前，对受拉混凝土施加预压应力，可提高构件的抗裂度和刚度，推迟裂缝出现的时间，减轻自重，节约材料，增加构件的耐久性，降低造价。

近年来，随着预应力混凝土设计理论和施工工艺与设备的不断完善和发展，高强材料性能的不断改进，预应力混凝土得到进一步的推广应用。预应力混凝土与普通混凝土相比，具有抗裂性好、刚度大、材料省、自重轻、结构寿命长等优点，为建造大跨度结构创造了条件。预应力混凝土已由单个预应力混凝土构件发展到整体预应力混凝土结构，广泛用于土建、桥梁、路面、管道、水塔、电杆和轨枕等领域。

项目 1　先张法施工

先张法是在浇筑混凝土构件前，张拉预应力钢筋（丝），将其临时锚固在台座（在固定的台座上生产时）或钢模（机组中流水生产时）上，然后浇筑混凝土构件，待混凝土达到一定（约 75% 标准）强度，使预应力钢筋（丝）与混凝土之间有足够粘结力时，放松预应力，预应力钢筋（丝）弹性缩回，借助混凝土与预应力钢筋（丝）之间的粘结，对混凝土产生预压应力。先张法适用于预制构建生产厂家进行批量生产小型预制构件。

任务 1　先张法施工设备

台座是先张法施工张拉和临时固定预应力筋的支撑结构，它承受预应力筋的全部张拉力，因此要求台座具有足够的强度、刚度和稳定性。台座按构造形式分为：墩式台座和槽式台座，选用时根据构件种类、张拉吨位和施工条件确定。

1. 墩式台座

墩式台座由台墩、台面与横梁组成，见图 8-1，是目前常用的台座。台座的长度一般为 100~150 m，一条线上可生产的构件数量可根据单个构件长度，考虑两构件相邻端头距离 0.5 m、台座横梁到第一个构件端头距离 1.5 m 左右进行计算。台座宽度取决于构件的布筋宽度、张拉与现浇混凝土是否方便，在台座端部应留出张拉操作用地和通道，两侧要有构件运输和堆放场地。

台墩一般由现浇钢筋混凝土制作，应有合适的外伸部分，以增大力臂而减少台墩自重。

台墩应具有足够的强度、刚度和稳定性。稳定性验算一般包括抗倾覆验算与抗滑移验算。台墩横梁的挠度不应大于 2 mm,并不得产生翘曲。预应力筋的定位板必须安装准确,其挠度不大于 1 mm。

台面一般是在夯实的碎石垫层上浇筑一层厚度为 60~100 mm 的混凝土而成,台面需要进行承载力验算。台面伸缩缝一般约为 10 m 设置一条,也可采用预应力混凝土滑动台面,不留施工缝。

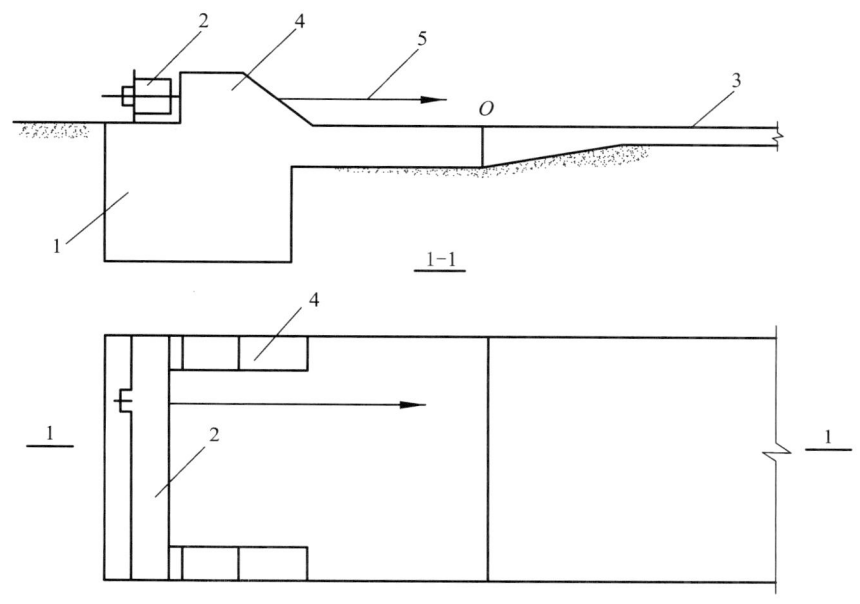

图 8-1 墩式台座

1—台墩;2—横梁;3—台面;4—牛腿;5—预应力筋

2. 槽式台座

槽式台座由端柱、传力柱、柱垫、横梁和台面等组成,既可承受张拉力,又可做蒸汽养护槽,适用于张拉吨位较大的构件,如吊车梁、屋架、薄腹梁等。槽式台座构造见图 8-2,其长度一般不大于 76 m,宽度随构件外形及制作方式而定;槽式台座一般与地面相平,以便运送混凝土和蒸汽养护,但需考虑排水和地下水位等问题;端柱、传力柱的端面必须平整,对接接头必须紧密,柱与柱垫连接必须牢靠。

槽式台座也需要进行强度和稳定性验算。

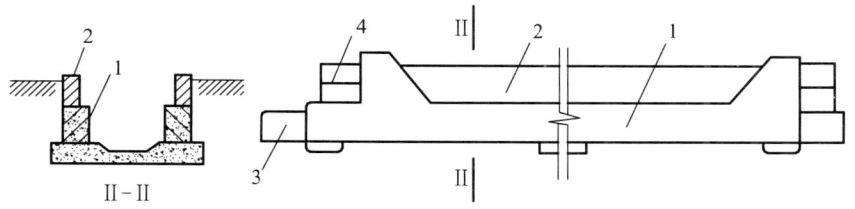

图 8-2 槽式台座

1—传力柱;2—砖墙;3—下横梁;4—上横梁

任务 2 施工流程

1. 预应力筋铺设

预应力筋铺设前应在台面涂隔离剂，隔离剂不得使预应力筋受污，以免影响预应力筋与混凝土的粘结。如果预应力筋受到污染，应适用适宜的溶剂加以清洗，在生产过程中，应防止雨水冲刷台面上的隔离剂。

2. 预应力张拉

1）预应力筋张拉

（1）预应力钢丝由于张拉工作量大，宜采用一次张拉程序。

$$0 \rightarrow (1.03 \sim 1.05)\sigma_{con} 锚固$$

其中，$(1.03 \sim 1.05)\sigma_{con}$ 是考虑弹簧测力计的误差、温度影响、台座横梁或定位板刚度不足、台座长度不符合设计取值、工人操作影响等。

（2）钢绞线张拉程序：采用低松弛钢纹线时，可采取一次张拉程序。张拉程序为：

$$0 \rightarrow 20\%\sigma_{con}(初应力调整) \rightarrow 105\% \sigma_{con}(持荷 2 \min) \rightarrow \sigma_{con}$$

2）预应力筋伸长值与应力的测定

预应力筋张拉后，一般应校核预应力筋的伸长值。如实际伸长与计算伸长值的偏差超过 $\pm 6\%$ 时，应暂停张拉，查明原因并采取措施予以调整后，方可继续张拉。预应力筋的伸长值 ΔL 按下式计算：

$$\Delta L = P_j \times L / A_p \times E_s$$

式中　P_j——预应力筋张拉力；

　　　L——预应力筋长度；

　　　A_p——预应力筋截面面积；

　　　E_s——预应力筋的弹性模量。

预应力筋的实际伸长值，宜在初应力约为 10%控制应力时开始量测（初应力取值应不低于10%的 σ_{con}，以保证预应力筋拉紧），但必须加上初应力以下的推算伸长值。预应力筋初应力以下的推算伸长值可根据弹性范围内张拉力与伸长值成正比的关系，用计算法或图解法确定。

计算法是根据张拉时预应力筋应力与伸长值的关系来推算。如某预应力筋张拉应力从 $0.2\sigma_{con}$ 增加到 $0.4\sigma_{con}$ 钢筋伸长量 4 mm，若初应力确定为 $10\%\sigma_{con}$，则其 L 为 4 mm。

图解法是建立直角坐标，伸长值为横坐标，张拉应力为纵坐标，将各级张拉力的实测伸长值标在图上，绘制张拉力与伸长值关系曲线 CAB，然后延长此线与横坐标交于 O_1 点，则 OO_1 段即为推算伸长值。如图 8-3 所示。

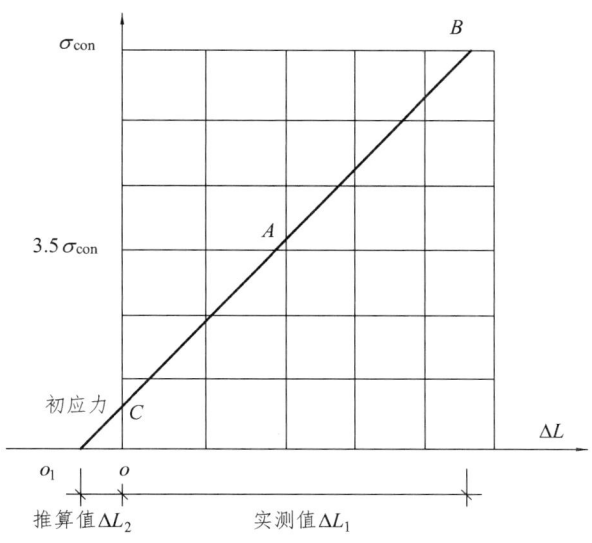

图 8-3 预应力筋实际伸长值图解法

预应力筋的位置不允许有过大偏差,对设计位置的偏差不得大于 5 mm,也不得大于构件截面最短边长的 4%。多根钢丝同时张拉时,必须事先调整初应力使其相互间的应力一致。断丝和滑脱钢丝的数量不得大于钢丝总数的 3%,一束钢丝中只允许断丝一根。构件在浇筑混凝土前发生断丝或滑脱的预应力钢丝必须予以更换。

采用钢丝作为预应力筋时,不做伸长值校核,但应在钢丝锚固后,用钢丝内力测定仪检查钢丝的预应力值。其偏差不得大于或小于设计规定相应阶段预应力值的 5%。

3)张拉注意事项

(1)台座法张拉时,应从台座中间向两侧对称进行,防止过大偏心损坏台座;多根成组张拉时,各预应力钢筋的初应力应一致;张拉时拉速应平稳,锚固松紧一致,敲击楔块不得过猛,设备缓慢放松。

(2)张拉时,张拉机具与预应力筋应在一条直线上;同时在台面上每隔 3~4 m 放一根圆钢筋头或相当于保护层厚度的其他垫块,防止预应力筋因自重而下垂,污染预应力筋。

(3)张拉完的预应力筋位置偏差≤5 mm,且≤构件截面短边的 4%;冬季张拉时,环境温度≥-15 ℃。

(4)在张拉过程中发生断丝或钢丝滑脱,应予以更换。

(5)台座两端应有防护设施。张拉时沿台座长度方向每隔 4~5 m 放一个防护架,张拉时严禁正对钢筋张拉的两端站立人员,也不准进入台座,防止断筋回弹伤人。

3. 混凝土浇筑与养护

为了减少预应力损失,在设计配合比时应考虑减少混凝土的收缩和徐变。应采用低水灰比,控制水泥用量,采用良好的级配及振捣密实。

振捣混凝土时,振动器不得碰撞预应力钢筋。混凝土未达到一定强度前也不允许碰撞和踩动预应力筋,以保证预应力筋与混凝土有良好的粘结力。

预应力混凝土可采用自然养护和湿热养护。当采用湿热养护时应采取正确的养护制度，减少由于温差引起的预应力损失。在台座生产的构件采用湿热养护时，由于温度升高后，预应力筋膨胀而台座长度并无变化，因而预应力筋的应力减少。在这种情况下混凝土逐渐硬结，则在混凝土硬化前预应力筋由于温度升高而引起的应力降低将无法恢复，形成温差应力损失。因此，为了减少温差应力损失，应使混凝土达到一定强度（100 N/mm^2）前，将温度身高限制在一定范围内（一般不超过 20 ℃）。用机组流水法钢模制作预应力构件，因湿热养护时钢模与预应筋同样伸缩，所以不存在因温差引起的预应力损失。

4. 预应力筋的放张

1）放张要求

放张预应力筋时，混凝土应达到设计要求的强度。如设计无要求时，应不得低于设计混凝土强度等级的 75%。

2）放张顺序

预应力筋的放张顺序，应满足设计要求，如设计无要求时应满足下列规定：

（1）对轴心受预压构件（如压杆、桩等）所有预应力筋应同时放张。

（2）对偏心受预压构件（如梁等）先同时放张预压力较小区域的预应力筋，再同时放张预压力较大区域的预应力筋。

（3）如不能按上述规定放张时，应分阶段、对称、相互交错的放张，以防止在放张过程中构件发生翘曲、裂纹及预应力筋断裂等现象。

3）放张方法

配筋不多的中小型构件，钢丝可用砂轮锯或切断机等方法放张。配筋多的钢筋混凝土构件，钢丝应同时放张，如逐根放张，最后几根钢丝将由于承受过大的拉力而突然开裂，使得构件端容易开裂。放张的常用方法有千斤顶放张、砂箱放张、楔块放张、预热熔割、钢丝钳或氧炔焰切割等放张方法。

项目 2　后张法施工

后张法是先制作构件或结构，待混凝土达到一定强度后，在构件或结构上张拉预应力筋的方法。后张法预应力施工，不需要台座设备，灵活性大，广泛用于施工现场生产大型预制预应力混凝土构件和就地浇筑预应力混凝土结构。后张法预应力施工，又可分为有粘结预应力施工和无粘结预应力施工两类。

有粘结预应力施工过程：混凝土构件或结构制作时，在预应力筋部位预先留设孔道，然后浇筑混凝土并进行养护；制作预应力筋并将其穿入孔道；待混凝土达到设计要求的强度后，张拉预应力筋并用锚具锚固；最后进行孔道灌浆与封锚。这种施工方法通过孔道灌浆，使预应力筋与混凝土相互粘结，减轻了锚具传递预应力作用，提高了锚固可靠性与耐久性，广泛用于主要承重构件或结构。

无粘结预应力施工过程：混凝土构件或结构制作时，预先铺设无粘结预应力筋，然后浇筑混凝土并进行养护；待混凝土达到设计要求的强度后，张拉预应力筋并用锚具锚固；最后进行封锚。这种施工方法不需要留孔灌浆，施工方便，但预应力只能永久地靠锚具传递给混凝土，宜用于分散配置预应力筋的楼板与墙板、次梁及低预应力度的主梁等。

任务1 有粘结预应力施工

有粘结预应力施工的工艺流程见图8-4。

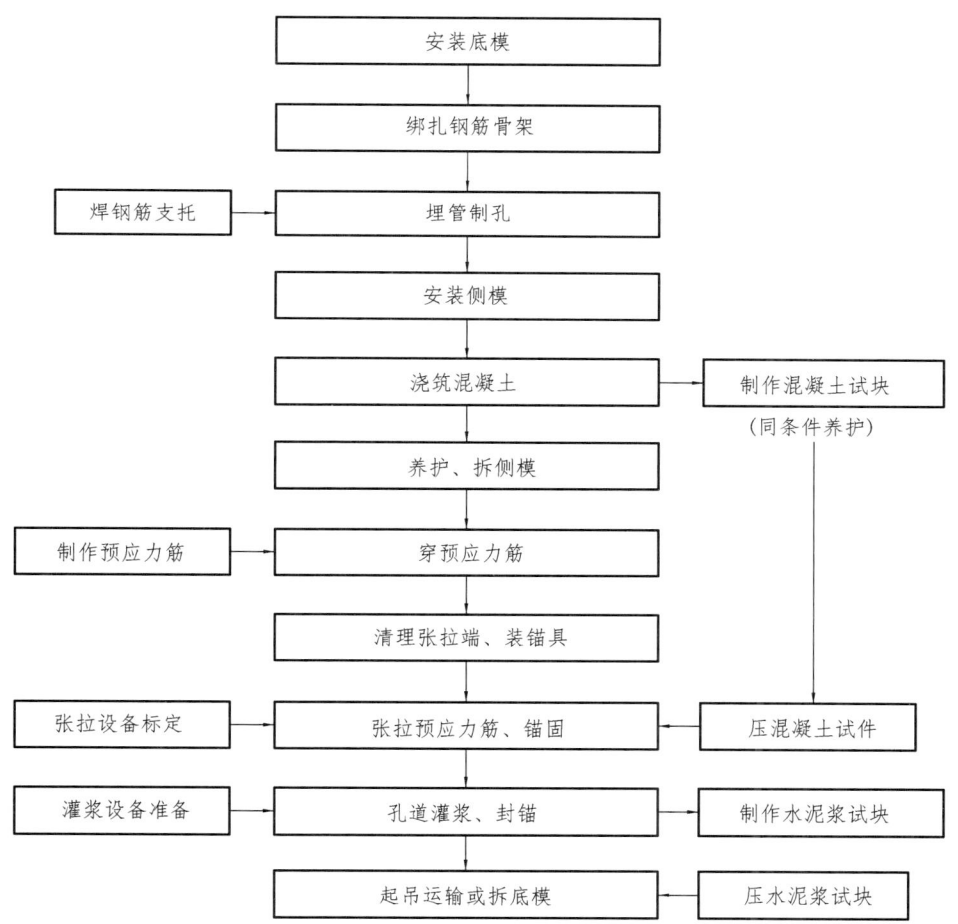

图8-4 后张法有粘结预应力施工工艺流程图（穿预应力筋也可在浇筑混凝土前进行）

1. 预留孔道

预应力筋孔道形状有直线、曲线和折线三种类型。其曲线坐标应符合设计图纸要求。

1）金属螺旋管安装

金属螺旋管又称波纹管，是用冷轧钢带或镀锌钢带在卷管机上压波后螺旋咬合而成。按照截面形状分为圆形和扁形；金属螺旋管的长度一般为 4~6 m，内径 40~130 mm。置波纹管前应对每一根波纹管进行检查，管壁上不得有孔洞，否则需及时修补。波纹管接头采用套接法，套管长度 200~300 mm，用大一号规格的波纹管套旋在要接的波纹管上，两头用胶布沿周长贴封，以防砂浆流入管内。螺旋管的安装：波纹管的定位直接关系预应力束施工质量，而预应力束的位置和形状准确与否，将直接影响梁体内应力分布。根据预应力束的直线和曲线形状，准确计算出各预应力孔道每隔 1 m 左右的标高和水平投影位置，按预应力曲线矢高在控制点处箍筋上划线，焊接 U 形定位支架，将波纹管固定在支架上，以保证预应力孔道位置与设计相符。铺管时，先将固定端锚垫板安装就位，从张拉端处逐步套入波纹管。

螺旋管安装就位过程中，应尽量避免反复弯曲，以防管壁开裂。同时，还应防止电焊火花烧伤管壁。

此外还有抽拔芯管留设孔道（胶管抽芯法和钢管抽芯法），这种方法近年来已逐步淘汰。

2）灌浆孔和排气孔

在预应力筋孔道两端，应设置灌浆孔和排气孔。灌浆孔可设置在锚垫板上或利用灌浆管引至构件外，孔径应能保证浆液畅通，一般不宜小于 20 mm。曲线预应力筋孔道的每个波峰处，应设置排气管。泌水管伸出梁面的高度不宜小于 0.5 m，排气管也可兼作灌浆孔用。灌浆孔的作法，对一般预制构件，可采用木塞留孔。木塞应抵紧螺旋管，并应固定严防混凝土振捣时脱开，见图 8-5。对现浇预应力结构金属螺旋管留孔，其作法是在螺旋管上开口，用带嘴的塑料弧形压板与海绵垫片覆盖并用铁丝扎牢，再接增强塑料管（外径 20 mm，内径 16 mm），见图 8-6。为保证留孔质量，金属螺旋管上可先不开孔，在外接塑料管内插一根钢筋；待孔道灌浆前，再用钢筋打穿螺旋管。

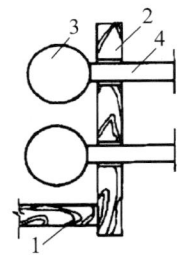

图 8-5 用木塞留灌浆孔图

1—底模；2—侧模；3—抽芯管；4—φ20 木塞

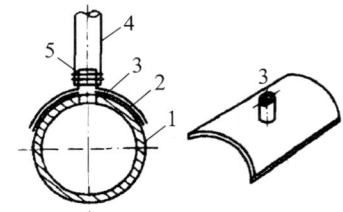

图 8-6 螺旋管上留灌浆孔

1—螺旋管；2—海绵垫；3—塑料弧形压板；4—塑料管；5—铁丝扎紧

2. 预应力筋制作与穿束

1）预应力筋制作

钢绞线下料宜用砂轮切割机切割，不得采用电弧切割。

钢绞线编束宜用 20 号铁丝绑扎，间距 2~3 m。编束时应先将钢绞线理顺，并尽量使各根钢绞线松紧一致。如钢绞线单根穿入孔道,则不编束。钢绞线下料长度:采用夹片锚具,以穿心式千斤顶在构件上张拉时,钢绞线的下料长度 L,按图8-7计算。

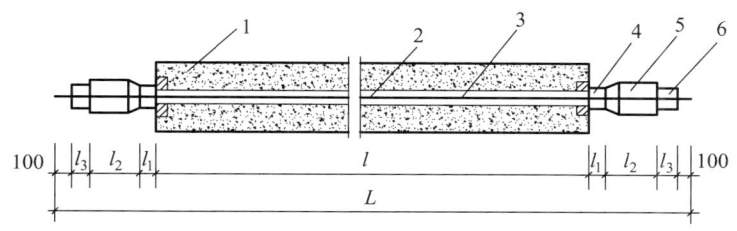

图 8-7 钢绞线下料长度计算简图
1—混凝土构件;2—孔道;3—钢绞线;4—夹片式工作锚;
5—穿心式千斤顶;6—夹片式工具锚

(1)两端张拉

$$L = l + 2(l_1 + l_2 + l_3 + 100) \tag{8-1}$$

(2)一端张拉

$$L = l + 2(l_1 + 100) + l_2 + l_3 \tag{8-2}$$

式中 l——构件的孔道长度;
  l_1——夹片式工作锚厚度;
  l_2——穿心式千斤顶长度;
  l_3——夹片式工具锚厚度。

2)预应力筋穿束

根据穿束与浇筑混凝土之间的先后关系,可分为先穿束和后穿束两种。

(1)先穿束法。该法穿束省力,但穿束占用工期,束的自重引起的波纹管摆动会增大摩擦损失,束端保护不当易生锈。按穿束与预埋波纹管之间的配合,又可分为以下三种情况:

① 先穿束后装管:将预应力筋先穿入钢筋骨架内,然后将螺旋管逐节从两端套入并连接。

② 先装管后穿束:将螺旋管先安装就位,然后将预应力筋穿入。

③ 二者组装后放入:在梁外侧的脚手架上将预应力筋与套管组装后,从钢筋骨架顶部放入就位,箍筋应先做成开口箍,再封闭。

(2)后穿束法。该法可在混凝土养护期内进行,不占工期,便于用通孔器或高压水通孔,穿束后即行张拉,易于防锈,但穿束较为费力。穿束工作可由人工、慢速卷扬机和穿束机进行。束长小于 60 m 的预应力筋,一般采用人工穿束,束的前端应扎紧并裹胶布,以便顺利通过孔道。对多波曲线束,宜采用特制的牵引头,工人在前头牵引,后头推送。对束长 60~80 m,也可采用人工先穿束,但在梁的中部留设约 3 m 长的穿束助力段。助力段的波纹管应加大一号,在穿束前套接在原波纹管上留出穿束空间,待钢纹线穿入后再将助力段波纹管旋出接通,该范围内的箍筋暂缓绑扎。

3. 预应力筋的张拉与锚固

1）张拉准备工作

张拉前准备工作包括：混凝土强度达到设计强度的75%以上；张拉设备已送法定计量部门进行标定，锚具已经按规定进行检验；锚具及千斤顶安装。

2）张拉方式

根据预应力筋形状与长度，以及施工方法的不同，预应力筋张拉方式有以下两种：

（1）一端张拉方式。张拉设备放置在预应力筋一端的张拉方式。适用于长度≤30m的直线预应力筋与锚固损失影响长度 $L_f \geqslant L/2$（L——预应力筋长度）的曲线预应力筋；如设计人员根据计算资料或实际条件认为可以放宽以上限制的话，也可采用一端张拉，但张拉端宜分别设置构件的两端。

（2）两端张拉方式。张拉设备放置在预应力筋两端的张拉方式。适用于长度＞30m的直线预应力筋与锚固损失影响长度 $L_f < L/2$ 的曲线预应力筋。当张拉设备不足或由于张拉顺序安排关系，也可先在一端张拉完成后，再移至另端张拉，补足张拉力后锚固。

3）张拉顺序

预应力筋的张拉顺序，应使混凝土不产生超应力、构件不扭转与侧弯、结构不变位等；因此，对称张拉是一项重要原则。同时，还应考虑到尽量减少张拉设备的移动次数。图8-8表示了预应力混凝土屋架下弦杆钢丝束的张拉顺序。钢丝束的长度不大于30m，采用一端张拉方式。图（a）预应力筋为2束，用两台千斤顶分别设置在构件两端，对称张拉，一次完成。图（b）预应力筋为4束，需要分两批张拉，用两台千斤顶分别张拉对角线上的2束，然后张拉另2束。由于分批张拉引起的预应力损失，统一增加到张拉力内。图8-9表示了双跨预应力混凝土框架梁钢绞线束的张拉顺序。钢绞线束为双跨曲线筋，长度达40m，采用两端张拉方式。图中4束钢绞线分为两批张拉，两台千斤顶分别设置在梁的两端，按左右对称各张拉1束，待两批4束均进行一端张拉后，再分批在另端补张拉。这种张拉顺序，还可减少先批张拉预应力筋的弹性压缩损失。

上述构件预应力筋如仅用一台千斤顶张拉或两台千斤顶同时在一束预应力筋上张拉，引起构件不对称受力，则对称2束预应力筋张拉时拉力相差应不大于设计拉力的50%，即先将第1束张拉至50%力，再将第2束张拉至100%力，最后将第1束张拉至100%力。

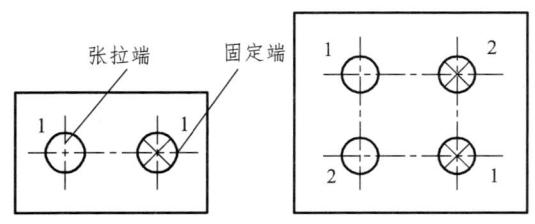

图8-8 屋架下弦杆预应力筋张拉顺序

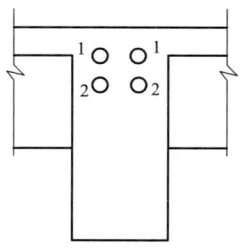

图8-9 框架梁预应力筋的张拉顺序

4）张拉程序

预应力筋的张拉操作程序，主要根据构件类型、张拉锚固体系、松弛损失等因素确定。

5）张拉安全注意事项

（1）在预应力作业中，必须特别注意安全。因为预应力持有很大的能量，万一预应力筋被拉断或锚具与张拉千斤顶失效，巨大能量急剧释放，有可能造成很大危害。因此，在任何情况下作业人员不得站在预应力筋的两端，同时在张拉千斤顶的后面应设立防护装置。

（2）操作千斤顶和测量伸长值的人员，应站在千斤顶侧面操作，严格遵守操作规程。油泵开动过程中，不得擅自离开岗位。如需离开，必须把油阀门全部松开或切断电路。

（3）张拉时应认真做到孔道、锚环与千斤顶三对中，以便张拉工作顺利进行，并不致增加孔道摩擦损失。

（4）多根钢绞线束夹片锚固体系如遇到个别钢绞线滑移，可更换夹片，用小型千斤顶单根张拉。

4．孔道灌浆

孔道灌浆是后张法预应力工艺的重要环节，预应力筋张拉完毕后，应立即进行孔道灌浆，以防止预应力筋锈蚀和改善构件的受力性能。

灌浆用水泥强度等级一般应不低于 42.5，水泥浆水灰比例控制在 0.4～0.45，3 h 后泌水率不宜大于 2%，最大值不超过 3%，水泥浆的稠度控制在 14～18 s。为减少水泥浆收缩，可掺 0.05%～0.1%的脱脂铝粉或其他类型的膨胀剂。灌浆前用压力水冲洗孔道，压力宜控制在 0.3～0.5 MPa。灌浆顺序应先下后上，直线孔道灌浆可以从构件一端到另一端，曲线孔道应从最低点开始向两端进行，在最高点设排气管。孔道末端应设置排气孔，灌浆时待排气孔溢出浓浆后，才能将排气孔堵住继续加压到 0.5～0.6 MPa，并稳定两分钟，关闭控制闸，保持孔道内压力。每条孔道应一次灌成，中途不应停顿，否则将已压的水泥浆冲洗干净，从头开始灌浆。

灌浆时留取标准水泥浆试块一组，每组 6 块。标准养护 28 d 后检查其抗压强度作为水泥浆质量的评定依据。

灌浆后，切割外露部分预应力钢绞线（留 30～50 mm）并将其分散，锚具应采用混凝土封头保护。封头混凝土尺寸应＞预埋钢板，厚度≥100 mm，封头内应配钢筋网片，细石混凝土强度等级为 C30～C40。

任务 2　无粘结预应力施工

无粘结预应力是指在预应力构件中的预应力筋与混凝土没有粘结力，预应力筋张拉力完全靠构件两端的锚具传递给构件。具体做法是预应力筋表面刷涂料并包塑料布（管）后，将其铺设在支好的构件模板内，并浇筑混凝土，待混凝土达到规定强度后进行张拉锚固。它属于后张法施工。

无粘结预应力具有不需要预留孔道、穿筋、灌浆等复杂工作，施工程序简单，加快了施工速度。同时摩擦力小，且易弯成多跨曲线型，特别适用于大跨度的单、双向连续多跨曲线配筋梁板结构和屋盖。

1. 无粘结预应力筋制作

无粘结预应力筋主要有预应力钢材、涂料层、外包层组成，如图 8-10 所示。

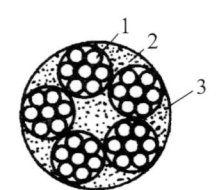 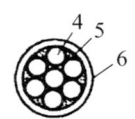

（a）无粘结钢绞线束　（b）无粘结钢丝束或单根钢绞线

图 8-10　无粘结筋横截面示意图

1—钢绞线；2—沥青涂料；3—塑料布外包层；4—钢丝；
5—油脂涂料；6—塑料管、外包层

无粘结预应力筋所用钢材主要有消除应力钢丝和钢绞线。钢丝和钢绞线不得有死弯，有死弯时必须切断，每根钢丝必须通长，严禁有接点。预应力筋的下料长度计算，应考虑构件长度、千斤顶长度、镦头的预留量、弹性回弹值、张拉伸长值、钢材品种和施工方法等因素。具体计算方法与有粘结预应力筋计算方法基本相同。

预应力筋下料时，宜采用砂轮锯或切断机切断，不得采用电弧切割。钢丝束的钢丝下料应采用等长下料。钢绞线下料时，应在切口两侧用 20 号或 22 号钢丝预先绑扎牢固，以免切割后松散。

涂料层的作用是使预应力筋与混凝土隔离，减少张拉时的摩擦损失，防止预应力筋腐蚀等。常用涂料主要有防腐沥青和防腐油脂。涂料应有较好的化学稳定性和韧性；在 -20 ~ +70 ℃ 温度范围内应不开裂、不变脆、不流淌，能较好地粘附在钢筋上；涂料层应不透水、不吸湿、润滑性好、摩阻力小。

外包层主要由塑料带或高压聚乙烯塑料管制作而成。外包层应具有在 -20 ~ +70 ℃ 温度范围内不脆化、化学稳定性高，具有抗破性强和足够的韧性，防水性好且对周围材料无侵蚀作用。塑料使用前必须烘干或晒干，避免在成型过程中由于气泡引起塑料表面开裂。

单根无粘结筋制作时，宜优先选用防腐油脂之间有一定的间隙，使预应力筋能在塑料套管中任意滑动。成束无粘结预应力筋可用防腐沥青或防腐油脂作涂料层。当使用防腐沥青时，应用密缠塑料带作外包层，塑料带各圈之间的搭接宽度不应小于带宽的 1/2，缠绕层数不小于 4 层。

制作好的预应力筋可以直线或盘圆运输、堆放。存放地点应设有遮盖棚，以免日晒雨淋。装卸堆放时，应采用软钢绳绑扎并在吊点处垫上橡胶衬垫，避免塑料套管外包层遭到损坏。

2. 无粘结预应力施工工艺

无粘结预应力构件制作工艺中的几个主要问题。

1）预应力筋的铺设

无粘结预应力筋铺设前应检查外包层完好程度，对有轻微破损者，用塑料带包好，对破损严重者应予以报废。双向预应力筋铺设时，应先铺设下面的预应力筋，再铺设上面的预应力筋相互穿插。

无粘结预应力筋应严格按设计要求的曲线形状就位固定牢固。可用短钢筋或混凝土垫块等架起控制标高，再用铁丝绑扎在非预应力筋上。绑扎点间距不大于 1 m，钢丝束的曲率控制可用铁马凳控制，马凳间距不宜大于 2 m。

2）预应力筋的张拉

预应力筋张拉时，混凝土强度应符合设计要求，当设计无要求时，混凝土的强度应达到设计强度的 75%方可开始张拉。

张拉程序一般采用 $0 \rightarrow 103\%\sigma_{con}$ 以减少无粘结预应力筋的松弛损失。张拉顺序应根据预应力筋的铺设顺序进行，先铺设的先张拉，后铺设的后张拉。当预应力筋的长度小于 25 m 时，宜采用一端张拉，若长度大于 25 m 时，宜采用两端张拉；长度超过 50 m 时，宜采取分段张拉。预应力平板结构中，预应力筋往往很长，如何减少其摩阻损失值是一个重要的问题。

影响摩阻损失值的主要因素是润滑介质、外包层和预应力筋截面形式。其中润滑介质和外包层的摩阻损失值，对一定的预应力束而是个定值，相对稳定。而截面形式则影响较大，不同截面形式其离散性不同，但如能保证截面形状在全长内一致，则其摩阻损失值就能在很小范围内波动。否则，因局部阻塞就可能导致其损失值无法测定。摩阻损失值，可用标准测力计或传感器等测力装置进行测定。施工时，为降低摩阻损失值，可用标准测力计或传感器等测力装置进行测定。在施工时，为降低摩阻损失值，宜采用多次重复张拉工艺。成束无粘结筋正式张拉前，一般先用千斤顶往复抽动 1~2 次。张拉过程中，严防钢丝被拉断，要控制同一截面的断裂根数不得大于 2%。

预应力筋张拉长值应按设计要求进行控制。

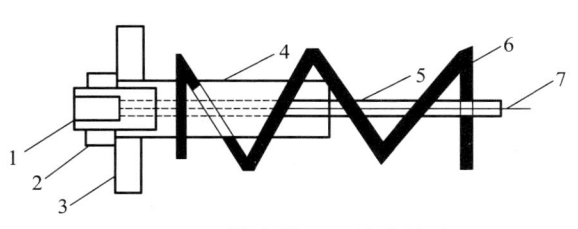

图 8-11 镦头锚固系统张拉端
1—锚环；2—螺母；3—承板板；4—塑料套筒；
5—软塑料管；6—螺旋筋；7—无粘结筋

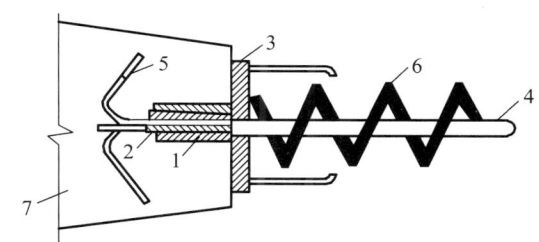

图 8-12 夹片式锚具张拉端处理
1—锚环；2—夹片；3—承压板；4—无粘结筋；
5—散开打弯钢丝；6—螺旋筋；7—后浇混凝土

3）预应力筋端部处理

（1）张拉端部处理。

预应力筋端部处理取决于无粘结筋和锚具种类。锚具的位置通常混凝土的端面缩进一定的距离，前面做成一个凹槽，待预应力筋张拉锚固后，将外伸在锚具外的钢绞线切割到规定的长度，即要求露出夹片锚具外长度不小于 30 mm，然后在槽内壁涂以环氧树脂类粘结剂，以加强新老材料间的粘结，再用后浇膨胀混凝土或低收缩防水砂浆或环氧砂浆密封。

在对凹槽填砂浆或混凝土前，应预先对无粘结筋端部和锚具夹持部分进行防潮、防腐封闭处理。

无粘结预应力筋采用钢丝束镦头锚具时，其张拉端头处理如图 8-11 所示，其中塑料套筒供钢丝束张拉时锚环从混凝土中拉出来用，软塑料管是用来保护无粘结钢丝束端因穿锚筒内产生空隙，必须用油枪通过锚环的注油孔向套筒内注满防腐油脂，灌油后将外露锚具封团好，避免长期与大气接触造成锈蚀。

采用无粘结钢绞线夹片锚具时，张拉端头构造简单，无须另加设施。张拉端头钢绞线预留长度不小于 150 mm，多余割掉，然后在锚具及承压板表面涂以防水涂料，再进行封闭。锚固区可以用后浇的钢筋混凝土圈梁封闭，将锚具外伸的钢绞线散开打弯，埋在圈梁内加强，如图 8-12 所示。

（2）固定端处理。无粘结筋的固定端可设置在构件内。当采用无粘结钢丝束时固定端可采用扩大的镦头锚板，并用螺旋筋加强，如图 8-13（a）所示。施工中如端头无粘结构配筋时，需要配置构造钢筋，使固定端板与混凝土之间有可靠锚固性能。当采用无粘结钢绞线时，锚固端可采用压花成型，使固定端板与混凝土之间有可靠锚固性能。当采用无粘结钢绞线时，锚固端可采用压花成型，如图 8-13（b）所示，埋置在设计部位。这种做法的关键是张拉前锚固端的混凝土强度等级必须达到设计强度（≥C30）才能形成可靠的粘强式锚头。

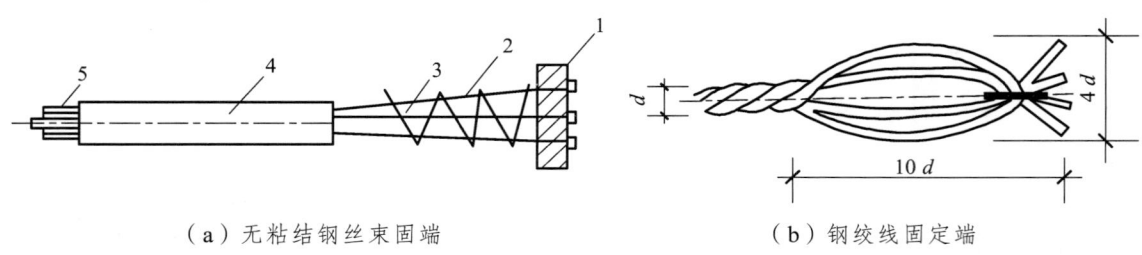

（a）无粘结钢丝束固端　　　　（b）钢绞线固定端

图 8-13　无粘结筋固定端详图

1—锚板；2—钢丝；3—螺旋筋；4—软塑料管；5—无粘结钢丝束

3. 有粘结后张预应力筋的预埋

（1）预应力筋下料，按实际孔道长度加张拉端所需工作长度下料。钢绞线成盘送到现场,需要制作固定笼,并由内圈放线,逐根用砂轮切割机下料,定长度的钢绞线编织成束。一端张拉的还需要提前挤压 P 锚。逐根穿入钢筋大梁或柱中波纹管内,编束后绑扎成型,防止绞股。

（2）孔道支架,对预应力梁来说垂直矢高应按设计抛物线坐标,减 1/2 金属波纹管直径架设,并焊结牢固。其中最高点、最低点必须重点控制好。支撑位置要求准确,允许垂直偏差控制在 ±15 mm,固定波纹管的支撑间距按施工图上的尺寸定位。钢筋支撑应焊在箍筋上,箍筋底座应垫实。预应力柱波纹管为直线布置,要保证固定端和张拉端的定位准确。

（3）预埋圆形金属波纹管,采用内径为 $\phi 50 \sim \phi 130$ 的波纹管成孔。孔道在梁、柱截面中水平方向对称均匀布置,施工中应做好波纹管的连接接头与密封处理,波纹管接口处采用大一号的金属波纹管作接头套管,接头管长度取 250～300 mm。波纹管接口面应平整,二管靠紧对齐。接头管的两端应用水密性胶带密封,不得漏浆。水密性胶带在接口处缠包长度不小于 50 mm。整根金属波纹管应保持平顺,转折处圆弧线过渡。张拉端平滑过渡到直线段,且直线长度应大于 300 mm,并与锚具端面垂直,端部接头处要密实处理,不渗水、不流浆,而灌浆孔、泌水管、排气孔一定要保持通畅。

（4）穿束,本工程采用先穿法穿束。对于预应力柱将挤好 P 锚的钢绞线从固定端逐根穿入波纹管内。预应力梁钢绞线较长,为保证穿束顺利,可在梁垮的中部处留设穿束助力段,待穿束完后将助力段用波纹管链接好。

（5）固定端、张拉端的锚垫板要用电焊焊接牢固,并合理放置配套的螺旋筋、约束圈。

4. 预应力筋张拉

施加预应力时,混凝土应达到设计强度的 80%。1 860 MPa 级钢绞线,控制应力为 $0.75 f_{ptk}$,即 $\sigma_{con} = 1 395$ MPa,单根钢绞线截面积取 140 mm²,单根张拉力应为 195.3 kN。

每束钢绞线张拉力应是根数与单根张拉力的乘积,其中,KDZ1 为 770 kN,KDZ2 为 385 kN。每束钢绞线应整束一次张拉成功,必要时也可用前卡式千斤顶补足应力。KDZ 张拉端节点见图 8-14。

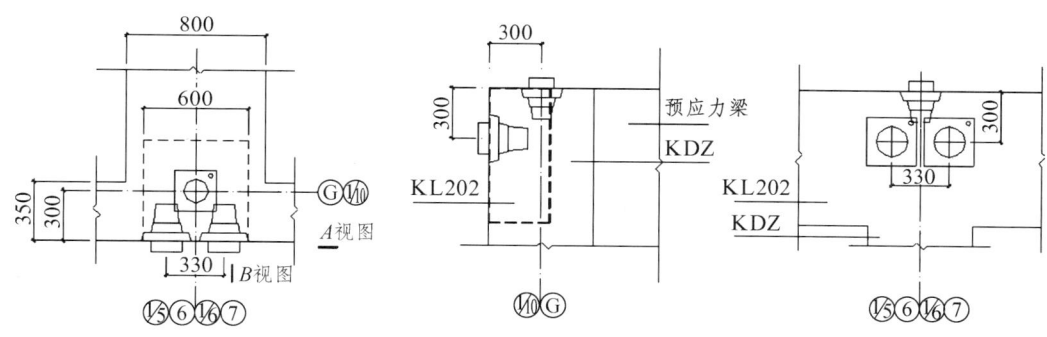

图 8-14 KDZ 张拉端节点大样

张拉顺序为：

首先：0→10%σ_{con}→0（调整工具锚及张拉端夹片）。

然后：0→20%σ_{con}（测量伸长初始值）→50%σ_{con}（暂停片刻）→100%σ_{con}（测量伸长终止值）→103%σ_{con}（停留 2 min）→100%σ_{con} 锚固。

预应力梁、柱的张拉顺序为：先张拉梁内预应力筋（从两边向中间对称进行），后③轴、⑧轴柱内预应力筋，最后 1/A 轴、G 轴柱内预应力筋。柱中预应力筋为直线筋且较短，未考虑配套大顶张拉空间，因此采用前卡单根张拉。所有预应力梁的预应力筋均采用整束一次张拉。

5. 孔道灌浆及封锚

预应力张拉后要及时灌浆，灌浆要求密实。水泥采用 42.5 级普通硅酸盐水泥，水泥浆强度为 M40，水灰比为 0.38～0.40，搅拌后 3 h 泌水率不大于 2%。为保证灌浆质量，在搅拌时可掺入适量无腐蚀性微膨胀剂和减水剂。

6. 质量保证措施

（1）由于预应力工程在结构中占有很重要的地位，所以预应力施工必须建立一个完整的项目管理机构，由项目负责人全权负责预应力施工，选用经验丰富的工程师担任各专业施工负责人，并承担相应责任。

（2）预应力项目负责人和技术负责人，协助工程项目经理负责预应力具体施工安排和技术指导，领导各专业施工工长做好施工各项工作。

（3）各专业施工工长必须对施工人员做好技术交底工作，组织工人进行必要的技术培训，确保工程质量。

（4）所有原材料进场必须按相应的规范、标准进行：钢绞线按《GB5224》执行，具体施工按《GB50204—2002》执行；锚具、夹具按《GB/T14370—2000》执行。

（5）钢绞线成盘堆放要切实作好防潮、防雨措施，避免钢绞线锈蚀。

（6）钢绞线及有关的各种锚夹具的加工必须符合相应规范要求。

（7）预应力筋下料应采用高速砂轮机切割，不可采用气割或电焊烧割。

（8）预埋成型各控制点矢高、水平位置必须满足设计要求，允许垂直偏差±15 mm，水平偏差±10 mm 且预埋波纹管走势应平滑顺直，绑点应牢固，避免浇注混凝土时孔道上浮、偏移位置。波纹管应仔细检查有无破漏点，发现后要及时修补。

（9）部分预应力筋放置时间较长，要切实做好防锈工作。

（10）浇注混凝土时，振捣器不得触及孔道埋管及端头构件，严禁振捣预应力束定位马凳，以防预应力束位置发生偏差；张拉端混凝土必须振捣密实，严禁出现空洞、蜂窝、麻面。

（11）施加预应力时，混凝土应达到设计强度。

（12）张拉前必须对所有构件进行编号，按设计要求的张拉顺序记录张拉数值。

（13）张拉机具必须在高一精度等级的设备上配套校验，经过修理后必须重新校验。

（14）张拉操作人员要经过技术培训，并由专职负责人进行技术交底，不得随意提高或降低张拉应力，无关人员不得开启张拉机具。

（15）装锚具夹具时，将锚杯紧贴垫板，夹片敲紧，并使其平齐；张拉过程中加载和卸载的速度应适中，不能太快，使预应力筋充分伸长，同时减小锚固回缩损失。

（16）张拉严格按双控法施工，严格控制油压表的读数，应尽量减小读数误差；张拉记录要认真、准确、及时，发现张拉伸长值异常时应立即停机检查，处理后方可继续张拉。

（17）封头工作要及时，避免水汽进入腐蚀锚夹具。

7. 安全措施

（1）严格执行各项安全操作规程，施工前要有安全交底，施工中应有安全措施，完工后应有安全小结及事故备案制，职工要定期进行安全教育。

（2）工作人员须经安全培训和考核合格后，方可以进行张拉施工作业。

（3）操作平台要挂好防护网，绑好高度适度的安全挡板。

（4）预应力张拉开始前，张拉区应设置明显的标志，禁止非预应力张拉人员进入张拉区域。

（5）张拉设备使用前，应对高压油泵、千斤顶等进行空载试运转，无异常情况方可正式使用。

（6）高空张拉作业中，锚具、工具设备、机具等严防高空坠落伤人。

（7）操作高压油泵要平稳、均匀，张拉时两端预应力筋轴线方向不得站人，以防断丝、滑丝伤人，张拉设备在持荷情况下，严禁拆除液压系统的任何零件。

（8）张拉完成后，及时切断电源，锁好电闸箱。将拉伸设备放在指定地点保养。

8. 质量验收

预应力张拉验收，应有钢绞线、锚具出厂合格证，钢绞线的现场取样试验报告，高压油表、千斤顶校验标定报告，预应力张拉施工方案及张拉记录，灌浆记录等资料。

思 考 题

1. 简述不同预应力筋配套的常用的锚具。锚具质量检验的内容包括哪些？
2. 简述液压千斤顶的分类和适用条件。
3. 简述预应力损失包括哪些方面。

4. 简述先张法施工工艺流程及操作要点。
5. 简述后张法施工工艺流程及操作要点。
6. 简述孔道灌浆的作用、灌浆材料的要求和灌浆施工要点。
7. 简述无粘结预应力施工工艺。

单元 9　季节性施工

我国东北、华北、西北以及青藏高原等地区，每所冬季有长达 3~6 个月的寒冷期，南方许多省市又处于多雨地区，每年有长达 1~3 月的雨期；长江中下游流域的梅雨期间，长达 1 个月的时间阴雨连绵不断，伴有多云、多雾、多雷暴天气。东南沿海地区受海洋暖湿气流影响，春夏之交雨水频繁，并伴有台风、暴雨和潮汛，某些地区雷暴季节，雷电活动频繁。这些季节的不良天气现象，给工程的建设进度和质量带来了一系列的问题，这些时期也是生产安全事故的多发时期。因此，应当按照作业条件针对不同季节的施工特点，制定相应的安全技术措施，做好相关安全防护工作，防止事故的发生。

一般来讲，季节性施工主要指雨期施工和冬期施工。雨期施工，应当采取措施防雨、防雷击，组织好排水。同时，注意做好防止触电和坑槽坍塌，沿河流域的工地做好防洪准备，傍山的施工现场做好防滑坡塌方措施，脚手架、塔机等应做好防强风措施。冬期施工，气温低，易结露结冰，天气干燥，作业人员操作不灵活，作业场所应采取措施防滑、防冻，生活办公场所应当采取措施防火和防煤气中毒。另外，春秋季天气干燥，风大，应注意做好防火、防风措施；秋季还应注意饮食卫生，防止腹泻等流行性疾病。任何季节遇六级以上（含六级）强风、大雪、浓雾等恶劣气候，严禁露天起重吊装和高处作业。

项目 1　雨期施工

任务 1　雨期施工的气象知识

1. 雨　量

它是用积水的高度来表示的，即假定所下的雨既不流到别处，又不蒸发，也不渗到土里，其所积累的高度。一天雨量的多少称为降水强度。

2. 降水强度的划分

按照降水强度的大小划分为小雨、中雨、大雨、暴雨等 6 个等级。降雨等级见表 9-1。

表 9-1　降雨等级表

降雨等级	现　象　描　述	降雨量范围/mm	
		一天总量	半天总量
小雨	雨能使地面潮湿，但不泥泞	1～10	0.2～5.0
中雨	雨降到屋面上有淅淅声，凹地积水	10～25	5.1～15
大雨	降雨如倾盆，落地四溅，平地积水	25～50	15.1～30
暴雨	降雨比大雨还猛，能造成山洪暴发	50～100	30.1～70
大暴雨	降雨比暴雨还大，或时间长，能造成洪涝灾害	100～200	70.1～140
特大暴雨	降雨比大暴雨还大，能造成洪涝灾害	>200	>140

3. 雷击

雷是一种大气放电现象。如果雷云较低，周围又没有带异性电荷的雷云，就会在地面突出物上感应出异性电荷，造成雷云与地面突出物之间放电，这就是通常所说的雷击。雷击可产生数百万伏的冲击电压，能对施工现场的建筑物、机械设备、电气和脚手架等高架设施以及人身造成严重的伤害，造成大规模的停电、短路及火灾等事故。雷暴日数，就是在一年内，该地区发生雷暴的天数，用以表示雷电活动频繁程度。

任务 2　雨期施工的准备工作

由于雨期施工持续时间较长，而且大雨、大风等恶劣天气具有突然性，因此应认真编制好雨期施工的安全技术措施，做好雨期施工的各项准备工作。

1. 合理组织施工

根据雨期施工的特点，将不宜在雨期施工的工程提早或延后安排，对必须在雨期施工的工程制定有效的措施。晴天抓紧室外作业，雨天安排室内工作。注意天气预报，做好防汛准备。遇到大雨、大雾、雷击和 6 级以上大风等恶劣天气，应当停止进行露天高处、起重吊装和打桩等作业。暑期作业应调整作息时间，从事高温作业的场所应当采取通风和降温措施。

2. 做好施工现场的排水

（1）根据施工总平面图、排水总平面图，利用自然地形确定排水方向，按规定坡度挖好排水沟，确保施工工地排水畅通。

（2）应严格按防汛要求，设置连续、通畅的排水设施和其他应急设施，防止泥浆、污水、废水外流或塞下水道和排水河沟。

（3）若施工现场临近高地，应在高地的边缘（现场的上侧）挖好截水沟，防止洪水冲入现场。

（4）雨期前应做好傍山的施工现场边缘的危石处理，防止滑坡、塌方威胁工地。

（5）雨期应设专人负责，及时疏浚排水系统，确保施工现场排水畅通。

3．运输道路

（1）临时道路应起拱5‰，两侧做宽300 mm、深200 mm的排水沟。

（2）对路基易受冲刷部分，应铺石块、焦渣、砾石等渗水防滑材料，或者设涵管排泄，保证路基的稳固。

（3）雨期应指定专人负责维修路面，对路面不平或积水处应及时修好。

（4）场区内主要道路应当硬化。

4．临时设施及其他施工准备工作

（1）施工现场的大型临时设施，在雨期前应整修加固完毕，应保证不漏、不塌、不倒，周围不积水，严防水冲入设施内。选址要合理，避开滑坡、泥石流、山洪、坍塌等灾害地段。大风和大雨后，应当检查临时设施地基和主体结构情况，发现问题及时处理。

（2）雨期前应清除沟边多余的弃土，减轻坡顶压力。

（3）雨后应及时对坑槽沟边坡和固壁支撑结构进行检查，深基坑应当派专人进行认真测量、观察边坡情况，如果发现边坡有裂缝、疏松、支撑结构折断、走动等危险征兆，应当立即采取措施。

（4）雨期施工中遇到气候突变，发生暴雨、水位暴涨、山洪暴发或因雨发生坡道打滑等情况时应当停止土石方机械作业施工。

（5）雷雨天气不得露天进行电力爆破土石方，如中途遇到雷电时，应当迅速将雷管的脚线、电线主线两端连成短路。

（6）大风大雨后作业，应当检查起重机械设备的基础、塔身的垂直度、缆风绳和附着结构，以及安全保险装置并先试吊，确认无异常方可作业。轨道式塔机，还应对轨道基础进行全面检查，检查轨距偏差、轨顶倾斜度、轨道基础沉降、钢轨不直和轨道通过性能等。

（7）落地式钢管脚手架底应当高于自然地坪50 mm，并夯实整平，留一定的散水坡度，在周围设置排水措施，防止雨水浸泡脚手架。

（8）遇到大雨、大雾、高温、雷击和6级以上大风等恶劣天气，应当停止脚手架的搭设和拆除作业。

（9）大风、大雨后，要组织人员检查脚手架是否牢固，如有倾斜、下沉、松扣、崩扣和安全网脱落、开绳等现象，要及时进行处理。

任务3　雨期施工的用电与防雷

1．雨期施工的用电

（1）各种露天使用的电气设备应选择较高的干燥处放置。

（2）机电设备（配电盘、闸箱、电焊机、水泵等）应有可靠的防雨措施，电焊机应加防护雨罩。

（3）雨期前应检查照明和动力线有无混线、漏电，电杆有无腐蚀，埋设是否牢靠等，防止触电事故发生。

（4）雨期要检查现场电气设备的接零、接地保护措施是否牢靠，漏电保护装置是否灵敏，电线绝缘接头是否良好。

2. 雨期施工的防雷

（1）防雷装置的设置范围：施工现场高出建筑物的塔吊、外用电梯、井字架、龙门架以及较高金属脚手架等高架设施，如果在相邻建筑物、构筑物的防雷装置保护范围以外，在表9-2的规定范围内，则应当按照规定设防雷装置，并经常进行检查。

表9-2 施工现场内机械设备需要安装防雷装置的规定

地区平均雷暴日/d	机械设备高度/m
≤15	≥50
>15 ≤40	≥32
>40 ≤90	≥20
>90及雷灾特别严重的地区	≥12

如果最高机械设备上的避雷针，其保护范围按照60°计算能够保护其他设备，且最后退出现场，其他设备可以不设置避雷装置。

（2）防雷装置的构成及操作要求。施工现场的防雷装置一般由避雷针、接地线和接地体三部分组成。

避雷针，装在高出建筑物的塔吊、人货电梯、钢脚手架等的顶端。机械设备上的避雷针（接闪器）长度应当为1~2 m。

接地线，可用截面积不小于16 mm^{2}的铝导线，或用截面积不小于12 mm^{2}的铜导线，或者用直径不小于ϕ8的圆钢，也可以利用该设备的金属结构体，但应当保证电气连接。

接地体，有棒形和带形两种。棒形接地体一般采用长度1.5 m、壁厚不小于2.5 mm的钢管或L5×50的角钢。将其一端垂直打入地下，其顶端离地平面不小于50 mm，带形接地体可采用截面积不小于50 mm^2、长度不小于3 m的扁钢，平卧于地下500 mm处。

防雷装置的避雷针、接地线和接地体必须焊接（双面焊），焊缝长度应为圆钢直径的6倍或扁钢厚度的2倍以上。

任务4 夏季施工的卫生保健

（1）宿舍应保持通风、干燥，有防蚊蝇措施，统一使用安全电压。生活办公设施要有专人管理，定期清扫、消毒，保持室内整齐清洁卫生。

（2）中暑。

炎热地区夏季施工应有防暑降温措施，防止中暑。

① 中暑可分为热射病、热痉挛和日射病，在临床上往往难以严格区别，而且常以混合式出现，统称为中暑。

a. 先兆中暑。在高温作业一定时间后，如大量出汗、口渴、头昏、耳鸣、胸闷、心悸、恶心、软弱无力等症状，体温正常或略有升高（不超过37.5 ℃），这就有发生中暑的可能性。此时如能及时离开高温环境，经短时间的休息后，症状可以消失。

b. 轻度中暑。除先兆中暑症状外，如有下列症候群之一，称为轻度中暑：人的体温在38 ℃以上，有面色潮红、皮肤灼热等现象；有呼吸、循环衰竭的症状，如面色苍白、恶心、呕吐、大量出汗、皮肤湿冷、血压下降、脉搏快而微弱等。轻度中暑经治疗，4～5 h 内可恢复。

c. 重度中暑。除有轻度中暑症状外，还出现昏倒或痉挛、皮肤干燥无汗，体温在 40 ℃以上。

② 防暑降温应采取综合性措施：

a. 组织措施：合理安排作息时间，实行工间休息制度，早晚干活，中午延长休息时间等。

b. 技术措施：改革工艺，减少与热源接触的机会，疏散、隔离热源。

c. 通风降温：可采用自然通风、机械通风和挡阳措施等。

d. 卫生保健措施：供给含盐饮料，补偿高温作业工人因大量出汗而损失的水分和盐分。

（3）施工现场应供符合卫生标准的饮用水，不得多人共用一个饮水器皿。

项目2　冬期施工

1. 冬期施工概念

在我国北方及寒冷地区的冬期施工中，由于长时间的持续低温、大的温差、强风、降雪和冰冻，施工条件其他季节艰难得多，加之在严寒环境中作业人员穿戴较多，手脚亦皆不灵活，对工程进度、工程质量和施工安全产生严重的不良影响，必须采取附加或特殊的措施组织施工，才能保证工程建设顺利进行。

根据当地多年气象资料统计，当室外日平均气温连续 5 d 稳定低于 5 ℃ 即进入冬期施工，当室外日平均气温连续 5 d 高于 5 ℃ 时解除冬期施工。

冬期施工与冬季施工是两个不同的概念，不要混淆。例如在我国海拉尔、黑河等高纬度地区，每年有长达 200 多天需要采取冬期施工措施组织施工，而在我国南方许多低纬度地区常年不存在冬期施工问题。

2．冬期施工特点

（1）冬期由于施工条件及环境不利，是各种安全事故的多发季节。

（2）隐蔽性、滞后性。即工程是冬天干的，大多数在春季开始才暴露出来问题，因而给事故处理带来很大的难度，不仅给工程带来损失，而且影响工程使用寿命。

（3）冬期施工的计划性和准备工作时间性强。这是由于准备工作时间短，技术要求复杂。往往有一些安全事故的发生，都是由于这一环节跟不上，仓促施工造成的。

3．冬期施工基本要求

（1）冬期施工前两个月即应进行冬期施工战略性安排。

（2）冬期施工前一个月即应编制好冬期施工技术措施。

（3）冬期施工前一个月做好冬期施工材料、专用设备、能源、暂设工种等施工准备工作。

（4）搞好相关人员技术培训和技术交底工作。

4．冬期施工的准备

（1）编制冬期施工组织设计。

冬期施工组织设计，一般应在入冬前编审完毕。冬期施工组织设计，应包括下列内容：确定冬期施工的方法、工程进度计划、技术供应计划、施工劳动力供应计划、能源供应计划；冬期施工的总平面布置图（包括临建、交通、力能管线布置等）、防火安全措施、劳动用品；冬期施工安全措施；冬期施工各项安全技术经济指标和节能措施。

（2）组织好冬期施工安全教育培训。

应根据冬期施工的特点，重新调整好机构和人员，并制定好岗位责任制，加强安全生产管理。主要应当加强保温、测温、冬期施工技术检验机构、热源管理等机构，并充实相应的人员。安排气象预报人员，了解近期、中长期天气，防止寒流突袭。对测温人员、保温人员、能源工（锅炉和电热运行人员）、管理人员组织专门的技术业务培训，学习相关知识，明确岗位责任，经考核合格方可上岗。

（3）物资准备。

物资准备的内容如下：外加剂、保温材料；测温表计及工器具、劳保用品；现场管理和技术管理的表格、记录本；燃料及防冻油料；电热物资等。

（4）施工现场的准备。

① 场地要在土方冻结前平整完工，道路应畅通，并有防止路面结冰的具体措施。

② 提前组织有关机具、外加剂、保温材料等实物进场。

③ 生产上水系统应采取防冻措施，并设专人管理，生产排水系统应畅通。

④ 搭设加热用的锅炉房、搅拌站，敷设管道，对锅炉房进行试压，对各种加热材料、设备进行检查，确保安全可靠；蒸汽管道应保温良好，保证管路系统不被冻坏。

（5）按照规划落实职工宿舍、办公室等临时设施的取暖措施。

5．冬期施工安全措施

（1）爆破法破碎冻土应当注意的安全事项：

① 爆破施工要离建筑物 50 m 以外，距高压电线 200 m 以外。

② 爆破工作应在专业人员指挥下，由受过爆破知识和安全知识教育的人员担任。

③ 爆破之前应有技术安全措施，经主管部门批准。

④ 现场应设立警告标志、信号、警戒哨和指挥站等防卫危险区的设施。

⑤ 放炮后要经过 20 min 才可以前往检查。

⑥ 遇有瞎炮，严禁掏挖或在原炮眼内重装炸药，应该在距离原炮眼 60 cm 以外的地方另行打眼放炮。

⑦ 硝化甘油类炸药在低温环境下凝固成固体，当受到振动时，极易发生爆炸，酿成严重事故。因此，冬期施工不得使用硝化甘油类炸药。

（2）人工破碎冻土应当注意的安全事项：

① 注意去掉楔头打出的飞刺，以免飞出伤人。

② 掌铁楔的人与掌锤的人不能脸对着脸，应当互成90°。

（3）机械挖掘时应当采取措施注意行进和移动过程的防滑，在坡道和冰雪路面应当缓慢行驶，上坡时不得换挡，下坡时不得空挡滑行，冰雪路面行驶不得急刹车。发动机应当搞好防冻，防止水箱冻裂。在边坡附近使用、移动机械应注意边坡可承受的荷载，防止边坡坍塌。

（4）针热法融解冻土应防止管道和外溢的蒸汽、热水烫伤作业人员。

（5）电热法融解冻土时应注意的安全事项：

① 此法进行前，必须有周密的安全措施。

② 应由电气专业人员担任通电工作。

③ 电源要通过有计量器、电流、电压表、保险开关的配电盘。

④ 工作地点要设置危险标志，通电时严禁靠近。

⑤ 进入警戒区内工作时，必须先切断电源。

⑥ 通电前工作人员应退出警戒区，再行通电。

⑦ 夜间应有足够的照明设备。

⑧ 当含有金属夹杂物或金属矿石的冻结土时，禁止采用电热法。

（6）采用烘烤法融解冻土时，会出现明火，由于冬天风大、干燥，易引起火灾。因此，应注意安全：

① 施工作业现场周围不得有可燃物。

② 制定严格的责任制，在施工地点安排专人值班，务必做到有火就有人，不能离岗。

③ 现场要准备一些砂子或其他灭火物品，以备不时之需。

（7）春融期间在冻土地基上施工。

春融期间开工前必须进行工程地质勘察，以取得地形、地貌、地物、水文及工程地质资料，确定地基的冻结深度和土的融沉类别。对有坑洼、沟槽、地物等特殊地貌的建筑场地应加点测定。开工后，对坑槽沟边坡和固壁支撑结构应当随时进行检查，深基坑应当派专人进行测量、观察边坡情况，如果发现边坡有裂缝、疏松、支撑结构折断、走动等危险征兆，应当立即采取措施。

（8）脚手架、马道要有防滑措施，及时清理积雪，外脚手架要经常检查加固。

（9）现场使用的锅炉、火炕等用焦炭时，应有通风条件，防止煤气中毒。

（10）防止亚硝酸钠中毒。

亚硝酸钠是冬期施工常用的防冻剂、阻锈，人体摄入10 mg亚硝酸钠，即可导致死亡。由于外观、味道、溶解性等许多特征与食盐极为相似，很容易误作为食盐食用，导致中毒事故。要采取措施，加强使用管理，以防误食：

① 使用前应当召开培训会，让有关人员学会辨认亚硝酸钠（亚硝酸钠为微黄或无色，食盐为纯白）。

② 工地应当挂牌，明示亚硝酸钠为有毒物质。

③ 设专人保管和配制，建立严格的出入库手续和配制使用程序。

（11）大雪、轨道电缆结冰和6级以上大风等恶劣天气，应当停止垂直运输作业，并将吊笼降到底层（或地面），切断电源。

（12）风雪过后作业，应当检查安全保险装置并先试吊，确认无异常方可作业。

（13）井字架、龙门架、塔机等缆风绳地锚应当埋置在冻土层以下，防止春季冻土融化，地锚锚固作用降低，地锚拔出，造成架体倒塌事故。

（14）塔机路轨不得铺设在冻胀性土层上，防止土壤冻胀或春季融化，造成路基起伏不平，影响塔机的使用，甚至发生安全事故。

6．冬期施工防火要求

冬期施工现场使用明火处较多，管理不善很容易发生火灾，必须加强用火管理。

（1）施工现场临时用火，要建立用火证制度，由工地安全负责人审批。用火证当日有效，用后收回。

（2）明火操作地点要有专人看管。看火人的主要职责：注意清除火源附近的易燃、易爆物。不易清除时，可用水浇湿或用阻燃物覆盖。检查高层建筑物脚手架上的用火，焊接作业要有石棉防护，或用接火盘接住火花。检查消防器材的配置和工作状态情况，落实保温防冻措施。检查木工棚、库房、喷漆车间、油漆配料车间等场所，不得用火炉取暖，周围15 m内不得有明火作业。施工作业完毕后，对用火地点详细检查，确保无死灰复燃，方可撤离岗位。

（3）供暖锅炉房及操作人员的防火要求：

① 供暖锅炉房。锅炉房宜建造在施工现场的下风方向，远离在建工程、易燃、可燃建筑、露天可燃材料堆场、料库等；锅炉房应有低于二级耐火等级；锅炉房的门应向外开启；锅炉正面与墙的距离应不小于 3 m，锅炉与锅炉之间应保持不小于 1 m 的距离。锅炉房应有适当通风和采光，锅炉上的安全设备应有良好照明。锅炉烟道和烟囱与可燃构件应保持一定的距离，金属烟囱距可燃结构不小于 100 m；已做防火保护层的可燃结构不小于 70 m；砖砌的烟囱和烟道其内表面距可燃结构不小于 50 cm，其外表面不小于 10 cm。未采取消烟除尘措施的锅炉，其烟囱应设防火星帽。

② 司炉工。严格值班检查制度，锅炉开着火以后，司炉人员不准离开工作岗位，值班时间绝不允许睡觉或做无关的事。司炉人员下班时，须向下一班做好交接班，并记录锅炉运行情况。炉灰倒在指定地点（不能带余火倒灰），随时观察水温及水位，禁止使用易燃可燃液体点火。

（4）炉火安装与使用的防火要求：

加热法施工与采暖应尽量用暖气，如果用火炉，必须先提出方案和防火措施，经消防保卫部门同意后方能开火。但在油漆、喷漆、油漆调料间，木工房、料库、使用高分子装修材料的装修阶段，禁止使用火炉采暖。

① 炉火安装：各种金属与砖砌火炉，必须完整良好，不得有裂缝，各种金属火炉与可燃、易燃材料的距离不得小于 1 m，已做保护层的火炉距可燃物的距离不得小于 70 cm。各种砖砌火炉壁厚不得小于 30 cm。在没有烟囱的火炉上方不得有可燃物，必要时须架设铁板等非燃材料隔热，其隔热板应比炉顶外围的每一边都多出 15 cm 以上。在木地板上安装火炉，必须设置炉盘，有脚的火炉炉盘厚度不得小于 12 cm，无脚的火炉炉盘厚度不得小于 18 cm。炉盘应伸出炉门前 50 cm，伸出炉后左右各 15 cm。各种火炉应根据需要设置高出炉身的火档。

金属烟囱一节插入另一节的尺寸不得小于烟囱的半径，衔接地方要牢固。各种金属烟囱与板壁、支柱、模板等可燃物的距离不得小于 30 cm。距已作保护层的可燃物不得小于 15 cm。各种小型加热火炉的金属烟囱穿过板壁、窗户、挡风墙、暖棚等必须设铁板，从烟囱周边到铁板的尺寸，不得小于 5 cm。

各种火炉的炉身、烟囱和烟囱出口等部分与电源线和电气设备应保持 50 cm 以上的距离。

② 炉火使用和管理的防火要求：炉火必须由受过安全消防常识教育的专人看守，每人看管火炉的数量不应过多。移动各种加热火炉时，必须先将火熄灭后方准移动。掏出的炉灰必须随时用水烧灭后倒在指定地点。禁止用易燃、可燃液体点火。填的煤不应过多，以不超出炉口上沿为宜，防止热煤掉出引起可燃物起火。不准在火炉上熬炼油料、烘烤易燃物品。

（5）易燃、可燃材料的使用及管理：

① 使用可燃材料进行保温的工程，必须设专人进行监护、巡逻检查。人员的数量应根据使用可燃材料量的数量、保温的面积而定。

② 合理安排施工工序及网络图，一般是将用火作业安排在前，保温材料安排在后。

③ 保温材料定位以后，禁止一切用火、用电作业，特别禁止下层进行保温作业，上层进行用火、用电作业。

④ 照明线路、照明灯具应远离可燃的保温材料。

⑤ 保温材料使用完以后，要随时进行清理，集中进行存放保管。

参考文献

[1] 王守剑. 建筑工程施工技术[M]. 北京：冶金工业出版社，2011.
[2] 《建筑施工手册》编写组. 建筑施工手册[M]. 5版. 北京：中国建筑工业出版社，2012.
[3] 《建筑施工手册》编写组. 建筑施工手册[M]. 4版. 北京：中国建筑工业出版社，2003.
[4] 吴洁，杨天春. 建筑工程施工技术[M]. 北京：中国建筑工业出版社，2009.
[5] 中国建筑标准设计院. 11G101-1. 北京：中国计划出版社，2011.
[6] 李晓良. 建筑施工技术[M]. 成都：西南交通大学出版社，2008.